材料腐蚀通论

——腐蚀科学与工程基础

翁永基　编著

石油工业出版社

内 容 提 要

本书为腐蚀科学与工程的基础入门书。全书分 8 章，内容包括：腐蚀基础知识、电化学腐蚀理论、实际腐蚀问题分析和防腐蚀技术。

本书系统、全面地介绍了现代腐蚀理论体系、以石油、石化等工业为主的常见腐蚀问题分析和 4 大防腐蚀技术。内容简单明了、深入浅出、通俗易懂，可读性强。

本书可作为高等学校腐蚀学科的基础教材或参考书，适当筛选后也可作各类腐蚀培训班的教材。对不从事本专业的人员，本书也是一本极好的自修教材或启蒙读物。

图书在版编目（CIP）数据

材料腐蚀通论：腐蚀科学与工程基础/翁永基编著．
北京：石油工业出版社，2004.4
ISBN 7－5021－4556－7

Ⅰ. 材…
Ⅱ. 翁…
Ⅲ. ①工程材料－腐蚀
②工程材料－防蚀
Ⅳ. TB304

中国版本图书馆 CIP 数据核字（2004）第 003667 号

出版发行：石油工业出版社
（北京安定门外安华里 2 区 1 号　100011）
网　址：www.petropub.cn
总　机：（010）64262233　发行部：（010）64210392
经　销：全国新华书店
印　刷：石油工业出版社印刷厂印刷

2004 年 4 月第 1 版　2006 年 12 月第 2 次印刷
850×1168 毫米　开本：1/32　印张：8.25
字数：220 千字　印数：2001—4000 册

书号：ISBN 7－5021－4556－7/TE·3188
定价：18.00 元
（如出现印装质量问题，我社发行部负责调换）

前　言

编写本书想法可追溯到30多年前，当时我在石油系统从事与管道及土壤腐蚀有关的技术工作。迫于工作需要，挤出不少时间来翻阅这个领域的教材和论文，希望能指导工作，但收获一直不太大，感觉像是雾里看花，似清非清、似懂非懂。当时很希望有一本言简意赅的参考书来指点迷津。后来的经历似乎为我创造了写书的条件：1984—1985年，我有幸在美国接受了系统的腐蚀课程教育，然后翻译了美国著名腐蚀科学家尤里克先生（H. H. Uhlig）的专著《腐蚀与腐蚀控制》；1993年调到石油大学（北京）任职，先后为油气储运专业、材料专业、化工专业和机电专业本科生开设腐蚀课程，此外每年还为石油系统专业技术人员开设腐蚀培训班。这些教学过程为编写本书提供了充足的动力和基础。

本书是在作者自编讲义的基础上修改而成，起名为“通论”是因为内容较“全面”和“通俗”。全书分为4部分：第一章绪论介绍腐蚀基础知识；第二章至第四章为电化学腐蚀理论，分别介绍腐蚀热力学、腐蚀动力学和钝化理论的基础知识；第五、六章是实际腐蚀现象分析，分别介绍均匀腐蚀、点蚀、缝隙腐蚀、电偶腐蚀、晶间腐蚀、应力腐蚀等具体腐蚀问题的起因、影响因素和发生规律；第七、八章介绍四大防腐蚀技术：耐蚀材料、缓蚀剂、覆盖层技术和电化学保护技术。全书内容既上下连贯，又相对独立。腐蚀检测、试验和评价的内容没有包括在内，因为按习惯将它们作为一门新的课程，单独编写教材。

本书写法上力求精炼，既考虑腐蚀理论体系完整性和腐蚀知识的实用性，又尽量避免在不太重要的枝节问题上过度展开。

许多问题只给出结论或关键点，点到为止。让读者有一个较清晰轮廓，掌握最基本概念，熟悉最常用技术。对于专业从事腐蚀研究的同志，还需找更多专业书籍阅读。本书以一个在腐蚀研究领域摸索了几十年的过来人身份介绍腐蚀科学和工程的基础知识，书中融入较多个人感受和体会，在体系结构、介绍方法上与传统教材相比有不少差别。但据个人经验，这种讲法较容易被学生接受，并激发他们的学习热情。

写作中除引用作者多年工作经验和研究成果外，还参考了目前流行的腐蚀教材，例如：

［美］H. H. Uhlig 著，翁永基译，《腐蚀与腐蚀控制》，石油工业出版社，1995 年；

魏宝明著，《金属腐蚀理论及应用》，化学工业出版社，1984 年；

朱日彰著，《金属腐蚀学》，冶金工业出版社，1989 年；

曹楚南著，《腐蚀电化学理论》，化学工业出版社，1998 年。

为节省篇幅，书中除重要图表给出出处外，其余参考文献不再标出。特向所有作者们致以谢意。边丽同学为本书做了部分绘图；李相怡老师做了大量文字整理和校核工作，张嗣伟教授通读了书稿，并提出宝贵意见。作者一并向他们表示深深谢意。

本书主要是为有志从事腐蚀科学的年轻学子们编写的，希望为他们提供系统学习的指南，迅速入门的捷径。同时也是为在生产一线和腐蚀问题作斗争的技术人员、管理人员们编写的，希望他们能较快补充知识，提高分析、处理腐蚀问题的能力，而不必像我当年那样花太多时间去摸索。即使对非腐蚀专业的同志，利用工作之余和片刻间隙，花少量时间，选感兴趣的内容，甚至当作科普读物来浏览，相信也一定会开卷有益的。

腐蚀科学与工程涉及的学科知识面极广，除前面提及的有些问题未能涉及或深入讨论之外，个别读者认为重要的内容本书也可能没有包括，再加上作者学识有限，本书编写内容和叙述方法上的一切不妥及错误之处均希望读者随时指出，以便有机会时改正。

翁永基
2003 年 3 月

目　　录

电化学腐蚀理论

实际腐蚀问题分析

防腐蚀技术

第一章　绪　　论

第一节　什么是腐蚀

“腐蚀”的英文名词 Corrosion 来自拉丁文“Corrdere”，意思为“损坏”“腐烂”等。古汉语中，“腐”字还隐含“因久放而导致形状、性质改变”的意思。如：荀子劝学：“肉腐出虫，鱼枯生蠹”，史记平準书：“太仓之粟，陈陈相因，充溢露积于外，至腐败不可食”等。作为科学名词，腐蚀最初只局限于金属材料。美国著名腐蚀科学家 H. H. Uhlig 在他的《腐蚀科学与腐蚀工程——腐蚀科学与腐蚀工程导论》一书中写道：“腐蚀是金属和周围环境起化学或电化学反应而导致的破坏性侵蚀”。日常生活说的生锈是指铁及铁基合金生成以水合氧化铁为主的腐蚀。非铁基金属也发生腐蚀，但不一定称为生锈；塑料发胀或开裂；木头干裂或腐烂；花岗岩风蚀；普通水泥剥离脱落等非金属材料的环境变化原不包括在这个腐蚀定义之内。这种狭义定义至今仍在应用，如：国际标准化组织 ISO 8044—1999 和我国国标 GB/T 10123 中将腐蚀定义为：“金属与环境间的物理—化学相互作用，其结果使金属性能发生变化，导致金属、环境及其构成的技术体系功能受到损伤”。

由于时代进步和科技发展，金属之外其他材料，如非金属材料、高分子材料和复合材料等应用越来越广泛，这些材料在使用过程中同样会因环境作用发生功能损伤现象。现代腐蚀研究已涵盖这些材料，所以不妨将上述定义中“金属”改为“材料”，可得腐蚀的广义定义：“材料和环境发生化学或电化学作用而导致材料功能损伤的现象称为腐蚀”。这个定义用字可以推敲，但必须包含以下几个含义：

（1）腐蚀研究着眼点在材料。腐蚀是一把双刃剑，既导致材料损伤，又造成环境破坏。例如：食品或酒类生产、储运过程的容器材料，因腐蚀造成容器壁厚减薄、强度降低，但同时也可能导致食品或酒类受腐蚀产物污染而品质恶化。后者虽因腐蚀引起，但介质环境的变化一般称为污染，而不称为腐蚀。

（2）腐蚀是一种材料和环境间的反应，大多数是电化学反应，这是腐蚀和摩擦现象的分界线。实际条件下腐蚀和磨损往往密不可分、同时发生。强调化学或电化学作用时称为腐蚀，强调力学或机械作用时则称为摩擦磨损。如两者作用相当，习惯上称为腐蚀磨损或磨损腐蚀，它们不仅包含腐蚀及磨损作用，还会产生复杂交互作用。这些在讨论实际腐蚀体系时再展开讨论。根据习惯，部分化学反应及少数物理过程也被当作腐蚀。如：铝在非电解质 CCl_4 中的腐蚀属于纯化学反应；金属在某些高温溶盐或液态金属中的腐蚀属于纯物理溶解等。现代的金属腐蚀理论主要以电化学腐蚀（即以电化学反应为特征的腐蚀）为对象。本书主要介绍电化学腐蚀理论，如不特殊说明，腐蚀即指电化学腐蚀。

（3）腐蚀是材料的损伤。宏观上可表现为材料质量流失、强度等性质退化等；微观上可表现为材料相、价态或组织改变。我们靠这些变化来发现腐蚀或评价腐蚀程度。腐蚀一般指材料坏的变化；强化过程或好的变化习惯不称为腐蚀，如：钢铁在一定气氛中热处理、材料表面三束（粒子束、电子束、激光束）改性等过程。这层含义有时比较含糊，例如：铝、不锈钢材料表面氧化；半导体硅片蚀刻等，虽称为腐蚀，但其后果是我们希望的。

（4）腐蚀是渐渐发生的慢性过程。有报道说，巴拿马运河海水中不锈钢闸门工作 10 年之后才出现点蚀；许多埋地管道运行一二十年后才出现事故多发期，这些都说明腐蚀过程之慢。材料和环境之间发展迅速的反应，如：镁粉燃烧、火药爆炸等习惯上不叫腐蚀。这一点上腐蚀和磨损是相同的，均属于渐变过程；而造成材料损伤的另一种类型："断裂"则不同，是裂纹由无到有、由小到大、从量变到质变，最终导致材料断裂的突变过程。

引起材料腐蚀的环境被统称为：腐蚀环境或腐蚀介质。

第二节　腐蚀现象特点

腐蚀现象特点可归纳为"自发性"、"普遍性"和"隐蔽性"三点，简述如下：

（1）自发性：大多数金属腐蚀是自发的。以钢铁腐蚀为例，在潮湿土壤、大气等腐蚀环境中，铁腐蚀变成以水和氧化铁为主的腐蚀产物，这些腐蚀产物在结构或形态上和自然界天然存在的铁矿石类似，或者说处于同一能量等级。从矿石中提炼钢铁时需要付出能量，如：炼铁、钢需消耗煤、电等能量，根据能量守恒定律，得到的铁或钢在能量等级上高于铁矿石。自然界一切自发变化都是从高能级状态向低能级状态变化，例如：水可以从高处流向低处、高温物体可以向低温环境散发热量、固体糖块可以在水中溶解变成糖溶液等等。如果不依靠外部的帮助，上述过程的逆过程绝不可能发生。图 1.1 以图解形式表示铁矿石中提炼铁和铁腐蚀过程的关系。炼铁过程是耗能的，铁腐蚀就是放能的自发过程。但为什么铁腐蚀时感觉不到有能量放出呢？实际上这些能量以热量形式被分散到周围环境中，并未引起注意或加以利用。腐蚀产生的能量是可以利用的，靠普通干电池锌皮腐蚀获得电能就是最好例子。

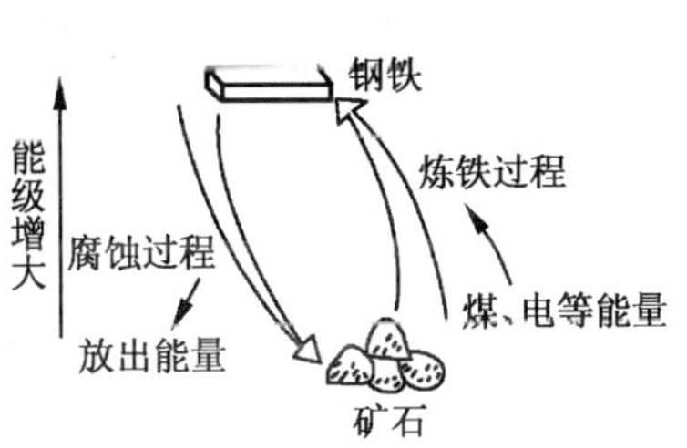

图 1.1　金属腐蚀和冶金互为逆过程

自发性只代表反应倾向，不等于实际反应速度，这点在腐蚀动力学中会详细讨论。

（2）普遍性：元素周期表

中约有三四十种金属元素，除了金（Au）和白金（Pt）在地球上可能以纯金属单体形式天然存在外，其他金属均以它们的化合物（各种氧化物、硫化物或更复杂的复合盐类）形式存在。在地球形成和演变的漫长历史中，能稳定保存下来的物质一般都是它的最低能级状态。这说明，除 Au 和 Pt 外，其他金属能级都要高于它们化合物，都具有自发回到低能级矿石状态的倾向。另一方面，地球上普遍存在的空气和水是两类主要腐蚀环境（分别含腐蚀因素 O_2 和 H^+）。所以，地球环境下金属腐蚀不是个别现象，而是普遍面临的问题。幸好有不少金属虽有大的腐蚀倾向，但实际腐蚀十分微小（以后会讲到，这称为钝化现象），否则我们人类可能会面临没有稳定金属材料可用的尴尬局面。

(3) 隐蔽性：腐蚀的隐蔽性包含几层意思，一是指它发展速度可能很慢、短期变化极微小。前面例子中，不锈钢在海水中的点蚀约有 10 年潜伏期（又称孕育期）。在此之前，材料安然无恙，但产生点蚀后，材料的腐蚀发展不可等闲视之。这给腐蚀科学家和工程师们提了醒，不能过分轻信实验室短期试验结论，不能用短期试验数据无根据地判断材料的长期腐蚀行为，否则可能会出大问题。隐蔽性的另一层意思是其表现形式可能很难被发觉，虽然我们一眼就能分辨出生锈和不生锈的钢铁，但有些腐蚀类型，如含裂纹局部腐蚀，靠肉眼或简单仪器很难发觉。应力腐蚀断裂管道的实际调查中曾发现，断裂管道表面光亮如新，几乎不存在均匀腐蚀迹象，然而在金相显微镜下可以看到，管道钢内部已布满细微裂纹。

第三节　研究腐蚀的意义

众所周知，材料、能源和信息是现代文明的三大支柱。腐蚀是材料研究重要组成部分。一般说，材料在环境中服役时有三种基本失效形式，腐蚀是较重要一种。另两种失效形式分别是磨损和断裂。它们的特性归纳如表 1.1。

表 1.1 材料在环境中失效的基本形式

失效形式	腐 蚀	磨 损	断 裂
作用因素	电化学、化学	机械运动、力学	力学
变化方式	渐 变		突变
相应学科	腐蚀科学	摩擦学、磨损理论	断裂力学

腐蚀的重要性首先来自经济方面，这是腐蚀学科最初发展原动力。腐蚀给国民经济带来巨大损失，估计全世界每年因腐蚀报废的钢铁设备折合钢年产量 30%。英国 1969 年“Hoar”报告称腐蚀每年给英国造成至少 13.65 亿英镑损失，1975 年美国国家标准局（NBS）调查，美国每年腐蚀直接损失达 700 亿美元，我国每年腐蚀造成的直接经济损失也十分可观，有人统计，腐蚀造成的直接经济损失大约占国民经济净产值（GNP）的 3%～4%，这和其他国家数据相仿。腐蚀造成的间接损失比较难统计，一般是直接损失的几倍，如：我国中原油田，1993 年度，管线、容器穿孔 8345 次，更换油管总长 590km，直接经济损失 7000 多万元，而产品流失、停产损失、效率损失和环境污染等造成的腐蚀间接损失高达两个亿。

腐蚀重要性的第二个领域来自安全和减少灾难性事故的考虑。第 15 届世界石油大会综合报告中曾提到 1992 年国外某炼油厂因腐蚀导致液化石油气管道泄漏事故，造成 6 人死亡、3 亿美元财产损失的事例，更糟糕的是：精密的腐蚀监测仪器竟未能事先发现这个隐患；汽车、轮船、飞机许多事故也或多或少和腐蚀有关。1986 年 1 月 28 日，美国“挑战者”号航天飞机在卡纳维尔角发射升空，起飞 74 秒后随着强烈爆炸声，7 位太空人，包括一名中学女教师，连同价值十几亿美元的飞船，全部葬身大西洋底。惨祸原因竟是某种合成橡胶密封圈在低温环境下的失效（发脆、变粘是橡胶在环境作用下损伤的主要表现形式）。

腐蚀重要性的第三个领域来自节约资源、能源，保护环境等方面考虑。地球上矿产、能源资源有限而腐蚀浪费了大量宝贵资源。有人统计全世界金属资源日趋枯竭，即使按 10 倍现有储量再加上 50％再生利用的乐观估计，可维持年代也不会很长。浪费材料的同时也是浪费了能源，因为从矿石中提炼金属需消耗大量能源。表 1.2 数据提供了某些大概轮廓。

表 1.2　地球上重要金属资源的估计储量①

金　属	储量，10^6t	年消耗增加率，％	可用年数，a	乐观计算年数，a	每公斤材料能耗，kW・h
Fe	1×10^6	1.3	109	319	16～30
Al	1170	5.1	35	91	约 80
Cu	308	3.4	24	95	30～40
Zn	123	2.5	18	101	15～20
Ti	147	2.7	51	152	约 200

①部分数据转引自：肖纪美，《材料研究方法论》，北京：化学工业出版社，北京，1998。

前面提过，腐蚀是把双刃剑，既损害材料，又破坏环境。在“保护地球——我们赖以生存环境”的呼声日益高涨的今天，对生态环境考虑已逐渐大于经济方面考虑。可以预料，在 21 世纪走持续可发展道路的战略格局中，材料腐蚀和防护将占重要地位。

腐蚀问题有时成为新技术、新材料应用的拦路虎。例如，美国著名腐蚀科学家方坦纳评价道：要是没有腐蚀科学家成功应用 0.6％NO 作为缓蚀剂避免储存 N_2O_4 高压容器的应力破裂，美国阿波罗登月计划将会推迟若干年。在我国四川石油天然气开发初期，要是没有我国腐蚀工作者努力，及时解决钢材硫化氢应力开裂问题，我国天然气工业不会如此迅速发展。同样，由于缺乏可靠技术（包括防腐蚀技术），我国有一批含硫 80％～

90%的高硫化氢气田至今仍静静地埋在地下，无法开采利用。

腐蚀现象也可以用来为人类造福。随着人们对腐蚀现象认识的不断深化，腐蚀不再是总和我们作对的捣乱者，有目的地利用腐蚀现象的代表性例子有：电池工业中利用活泼金属腐蚀获得携带方便的能源和半导体工业利用腐蚀对材料表面进行间距只有0.1mm左右的精细蚀刻等。

第四节　腐蚀现象本质

材料发生电化学腐蚀是因为表面形成了腐蚀电池。拿一节传统的手电筒干电池和一块在潮湿大气中腐蚀的钢板来作比较。

干电池由中央碳棒、外围锌皮和充填糊状电解质组成。该电解质主要成分为酸性氯化铵和二氧化锰（去极化剂，含义以后叙述）。当外部导线回路接通时就产生电流，锌皮作为阳极材料被消耗，发生氧化（腐蚀）反应，而阴极碳棒上发生还原反应。

腐蚀钢板表面存在肉眼难以分辨的微小阳极和阴极（原因后叙），它们彼此靠金属母体相连，一旦金属表面存在连续水膜，就会像干电池那样，使阳极部分的铁发生氧化（腐蚀）。这种电池称为腐蚀电池。两种电池结构类似，但前者由位于电子通道的开关控制电池工作；后者由离子通道控制。所以有人将腐蚀电池比作短路的原电池（图1.2A，图1.2B）。两者区别是电池电流的控制渠道不同；并且干电池提供有用能源，而腐蚀电池能量被浪费了。

表1.3对这两种电池的特征作了对照。

根据腐蚀这种电学本质，可得到一条重要的腐蚀规律：由于腐蚀电池电流流动，使阳极金属腐蚀，发生的腐蚀量 W 和电池电流 I 关系符合法拉第定律，即：

$$W = \frac{M}{nF} \cdot I \cdot t$$

式中　M——金属摩尔原子量；

n——阳极反应中金属价态变化；

F——法拉第常数，等于 96494（近似取 96500）C/mol（或 A·s/mol）；

I——电池中流动的电流，A；

t——电流持续时间，s。

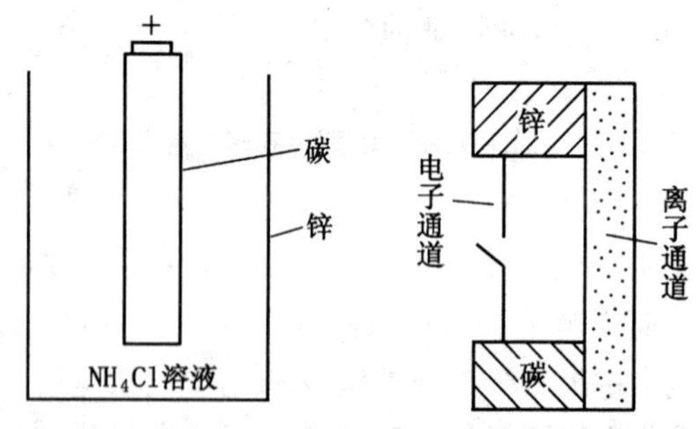

图 1.2A　碳锌干电池结构和工作原理

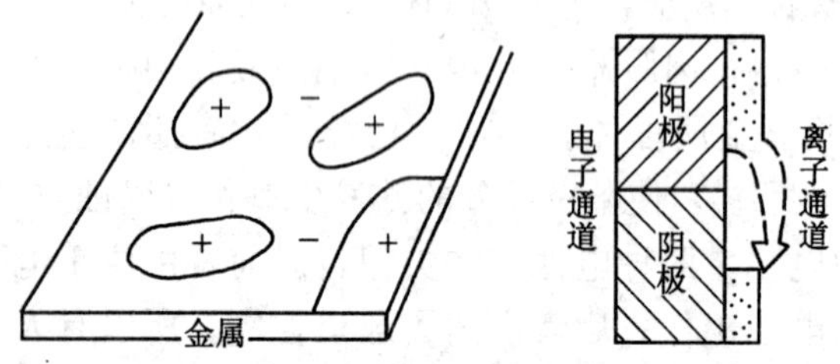

图 1.2B　钢板腐蚀电池结构和工作原理

表 1.3　干电池和腐蚀钢板中电池过程的特征对照

项　　目	碳锌干电池	腐 蚀 钢 板
电池名称	原电池	腐蚀电池
阳极反应	$Zn \rightarrow Zn^{2+} + 2e$	$Fe \rightarrow Fe^{2+} + 2e$
阴极反应	碳棒表面 $2H^{+} + 2e \rightarrow 2H$	钢表面 $O_2 + 2H_2O + 4e \rightarrow 4OH^{-}$
电子通道	干电池的外部连接导线	钢板本身
离子通道	干电池的内部电解质	钢板表面存在的连续水膜

电化学腐蚀中法拉第定律一般总是成立的，并经常用作腐蚀定量计算的基础。

第五节 腐蚀定量表示

定量化研究是一门科学走向成熟的标志，腐蚀研究同样离不开对腐蚀的量化。

腐蚀造成材料损伤，所以可用损伤后果（如：质量、强度、表面形貌等变化）作为腐蚀度量。变化绝对量称为腐蚀量，变化速度称为腐蚀速度。一般选择变化最敏感的物理量作为腐蚀指标，所以不同腐蚀可能需要用不同指标。例如：Champion 图谱法按表面腐蚀形貌对材料腐蚀分级，根据表面蚀点数量、大小等参数，和标准图谱比较，划分为 7 级。这种方法适合对大型构件表面的腐蚀分析。如果腐蚀构件可以被取样称重或作破坏性强度试验，那么最好用数值指标来评价腐蚀。前者主要用于以材料质量流失为主的腐蚀过程，如：各种体积型腐蚀缺陷；后者用于以强度损失为主的腐蚀，如：裂纹等面积型腐蚀缺陷。

以下介绍几种常用的腐蚀指标。

一、均匀腐蚀（材料全部表面发生同样程度腐蚀）

只需要一个指标就可以描述腐蚀程度。根据腐蚀特性可选择以下不同指标。

1. 质量指标

有深度、质量和电流三类指标可供选择。表 1.4 给出其腐蚀量和腐蚀速度的常用单位名称和基本量纲。

表 1.4 以质量指标表示的腐蚀量和腐蚀速度常用单位

项目	深度指标		质量指标		电流指标	
	腐蚀量	腐蚀速度	腐蚀量	腐蚀速度	腐蚀量	腐蚀速度
基本量纲①	L	$L \cdot T^{-1}$	M $M \cdot L^{-2}$	$M \cdot L^{-2}t^{-1}$ 或 $M \cdot S^{-1} \cdot t^{-1}$	Q (It) $Q \cdot L^{-2}$	$I \cdot L^{-2}$

续表

项　　目	深度指标		质量指标		电流指标	
	腐蚀量	腐蚀速度	腐蚀量	腐蚀速度	腐蚀量	腐蚀速度
常用单位②	mm μm	mm/a μm/a	g，mg g/cm^2	$g/(m^2 \cdot h)$ gmd $(g \cdot m^{-2} \cdot d^{-1})$ mdd $(mg \cdot dm^{-2} \cdot d^{-1})$	C $(A \cdot s)$ $C \cdot m^{-2}$	A/m^2 mA/cm^2

①L（长度）；t（时间）；M（质量）；S（面积，$=L^2$）；Q（电量$=I \cdot T$）；I（电流强度）。

②英美国家还习惯使用 ipy（in/a）和 mpy（mil/a）等单位，1mil=0.001in。

这三类指标是等价的，彼此之间可以换算。深度指标和质量指标之间换算需要知道材料的密度；电流指标和质量指标之间换算需要知道材料的电化学当量。部分换算关系见表 1.5。

表 1.5　腐蚀单位换算关系

项　　目	质量指标			深度指标		
	$g \cdot m^{-2} \cdot h^{-1}$	mdd	gmd	mm/a	ipy	mpy
$g \cdot m^{-2} \cdot h^{-1}$	1	240	24	$8.76/\rho$	$0.345/\rho$	$345/\rho$
mdd	4.17×10^{-3}	1	0.1	$0.0365/\rho$	$0.00144/\rho$	$1.44/\rho$
gmd	4.17×10^{-2}	10	1	$0.365/\rho$	$0.0144/\rho$	$14.4/\rho$
mm/a	0.114ρ	27.4ρ	2.74ρ	1	0.0394	39.4
ipy	2.9ρ	696ρ	69.6ρ	25.4	1	1000
mpy	$2.9 \times 10^{-3}\rho$	0.696ρ	0.0696ρ	0.0254	0.001	1

这些单位之间换算是腐蚀基本计算技巧之一。读者须参照以下例题，自行反复练习。

［例题 1］　腐蚀速度的质量指标和深度指标的换算。

根据密度 ρ 含义（$1cm^3$ 相当 ρg），用量纲法来推导换算关系，例如：

$$1gmd = 1\,\frac{g}{m^2 \cdot d} = \frac{1}{\rho}cm^3 \times \frac{1}{100^2\,cm^2} \times \frac{365}{a}$$

$$= \frac{365 \times 10}{10000\rho} \text{mm/a} = \frac{0.365}{\rho} \text{mm/a}$$

或 1mm/a = 2.74ρgmd。

对铁：ρ = 7.8g/cm^3，1gmd = 0.0468mm/a，或 1mm/a = 21.4gmd。

［**例题 2**］ 腐蚀速度的质量指标和电流指标的换算。

根据法拉第常数 F（约相当 96500A·s/mol 电量）、物质摩尔质量 M 和交换电子数 n（M/n 称为材料的电化学当量），采用量纲法计算换算关系。即：

$$\text{如：} 1\text{gmd} = 1\,\frac{\text{g}}{\text{m}^2 \cdot \text{d}} = \frac{nF}{M}\text{A} \cdot \text{s} \times \frac{1}{\text{m}^2 \times 24 \times 60 \times 60\text{s}}$$

$$= \frac{96500n}{24 \times 3600 \times M} \text{A/m}^2$$

即：1gmd = 1.117n/M A/m^2；1A/m^2 = 0.895M/n gmd

例如，对于铁，M = 56；n = 2，所以 1g/d = 0.0399A/m^2；或 1A/m^2 = 25.1gmd。

2. 强度指标

塑料、橡胶、混凝土等材料的腐蚀过程，物质流失不明显或我们更关心强度性能变化。此时采用强度指标比质量指标更加敏感和有效。常用的强度指标可选以下之一：

强度损失率：$\gamma_{-} = 100\,(P_0 - P)\,/P_0\%$

强度保有率%：$\gamma_{+} = 100P/P_0\%$

式中，P_0 是腐蚀前材料的强度；P 是腐蚀后材料的强度。显然，$\gamma_{-} + \gamma_{+} = 1$。材料强度可选抗拉、抗压、抗弯等，取最敏感者为指标。

二、非均匀腐蚀（部分表面腐蚀的局部腐蚀，或者虽全面腐蚀，但各处程度不匀的腐蚀）

此时只靠描述均匀腐蚀的指标不足描述腐蚀过程。例如，图 1.3 所示的两个点蚀腐蚀（剖面），它们腐蚀量（质量流失量）完全一样，但一眼可以看出，右边腐蚀更加危险。采用质量指标时只反映其平均腐蚀不足以描述其全部特征，必须增加一个反映不均匀程度的指标，来完整反映这两类不均匀腐蚀的差异。

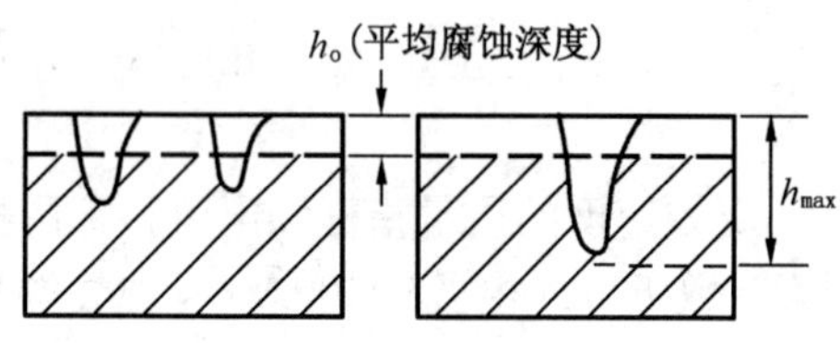

图 1.3　点蚀系数的计算示意图

1. 点蚀型腐蚀

采用点蚀系数 γ 补充反映点蚀型腐蚀的不均匀程度。

$$\gamma = h_{max}/h_0$$

式中　h_{max}——实际测到的最深蚀点深度；

h_0——按平均失重计算的平均腐蚀深度。

γ 数值始终不小于 1。$\gamma = 1$ 代表均匀腐蚀；$\gamma > 1$ 代表不均匀腐蚀，γ 越大，点蚀不均匀性也越大。假如，碳钢土壤腐蚀点蚀系数为 10，这表明实际深度可能比按失重计算的平均深度大 10 倍。

2. 裂纹型腐蚀

常用裂纹长度和裂纹生长速度作为腐蚀量和腐蚀速度。氢诱导裂纹（HIC）评价标准中用裂纹敏感度系数表示裂纹生长的局部不均匀性（图 1.4）：

$$\gamma = \frac{\sum (x_i \cdot y_i)}{a \cdot b} \times 100\%$$

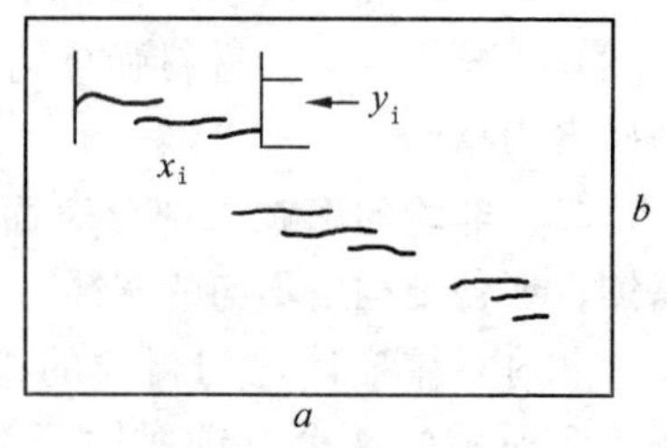

图 1.4　裂纹敏感度系数的计算示意图

式中 a 和 b 代表被观察部位的长和宽，x_i 和 y_i 代表第 i

组裂纹的连续长度和宽度（裂纹间距小于 0.5mm 时看作同一组裂纹）。

第六节　现代腐蚀理论发展

人类很早就知道采用措施来防止腐蚀对材料危害。近年在我国湖北出土的春秋战国时期越王勾践用剑，表明 2000 多年前古人已掌握用铬酸盐进行金属表面防腐蚀。我国汉朝前就开始使用“大漆”，至今仍被公认为世界上最好的防腐涂料，称之为“中国漆”，许多出土的漆器历经数千年光泽不减。世界上，俄国科学家罗蒙诺索夫在 16 世纪 50 年代首次发现金属氧化是因为和空气中氧气化合的结果；1830 年著名科学家法拉第发现了物质和电流对应关系的法拉第定律，成为腐蚀量化计算基础；1840 年左右，英国、法国相继批准热镀锌保护钢板的专利……。但是，现代腐蚀理论发展时间不长，如果以 1920 年左右英国科学家伊文思和他学生的工作（腐蚀极化图等）作为现代腐蚀理论起始，至今才只有 80 多年，其后，经美国尤里格、方坦纳，德国瓦格纳，前苏联阿基莫夫、费鲁姆金，比利时布拜等大批学者努力，使腐蚀成为一门发展极快的新兴学科，已初步形成系统的电化学腐蚀理论体系。1930 年左右，国外高等教学纷纷开设腐蚀课程，我国高校在 1960 年后也开始讲授腐蚀课程。现代腐蚀理论建立在金属电化学理论基础上，以物理化学和材料学作为两大基础，特别是物理化学中的化学热力学、电极过程动力学和多相反应化学动力学等内容。本书分三章介绍电化学腐蚀理论，即：腐蚀热力学、腐蚀动力学和钝化理论。它们分别问答：材料腐蚀倾向、材料腐蚀速度和材料表面结构对腐蚀速度影响等基本问题，其基本内容的框图见图 1.5。

对非电化学反应造成的腐蚀，如：多数非金属材料、复合材料的环境腐蚀（有时更多称为：老化、降价、脆化、风化等），其理论体系尚不完善，至少没有形成特色，一般可按其反

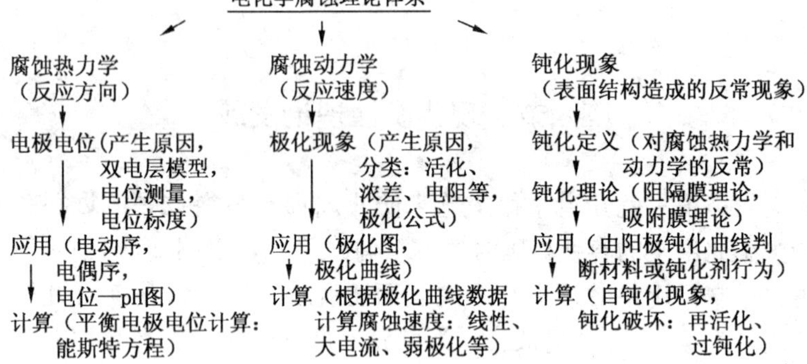

图 1.5　本书介绍的腐蚀电化学理论体系

应性质和规律进行分析。本书也未包括这部分腐蚀理论。

第七节　腐蚀科学学习方法

腐蚀是门多学科交叉的边缘学科，有越来越多相邻学科渗透到腐蚀研究中。从事腐蚀研究的学生必须熟悉化学基本理论，尤其是物理化学和电化学知识，以便能够理解腐蚀反应，此外，材料结构及组成决定腐蚀行为，所以还应具备材料学知识，例如，研究金属腐蚀时，物理冶金学基础是必需的。

迄今为止，腐蚀学科还属于实验科学，如同化学学科一样，其理论往往只能起说明、解释作用，较少起指导作用，大量腐蚀问题靠实验解决。腐蚀学科又是一门紧密联系生产的工程科学，以解决实际工程问题为学科推动力。由此产生腐蚀研究的两大组成部分：一部分人是腐蚀科学家，从事腐蚀机理研究，发展腐蚀科学理论体系，理解腐蚀起因，了解腐蚀规律，提供防止腐蚀损失的可能途径。另一部分人是腐蚀工程师，采用积累的知识，发展切实可行而又经济的防腐蚀技术。前者研究成果构成腐蚀科学，后者经验总结汇集成腐蚀工程知识。这两部分人分工并非绝对，在诊断腐蚀损伤及提供预防措施时，科学上和工程上观点常常彼此补充。即使对只从事腐蚀工程的技术人员来说，掌握多一点腐蚀科学知识也会在工作中受益无穷。

腐蚀科学和腐蚀工程基本知识，在内容上大致分为 4 个部分。分别是：

（1）腐蚀基础理论：主要是电化学腐蚀理论体系，了解电化学腐蚀本质、基本理论。

（2）实际腐蚀分析：介绍具体环境、具体材料的腐蚀，各种局部腐蚀特点和规律。

（3）防腐蚀技术：介绍选材、覆盖层、电化学保护、缓蚀技术等基本的防腐蚀技术。

（4）腐蚀检测和计量：介绍腐蚀测量、试验技术及腐蚀数据处理和腐蚀评价模型。

本书只介绍前三部分内容，第四部分安排为选修课或研究生课程。

电化学腐蚀理论

第二章 腐蚀热力学和电极电位

第一节 腐蚀热力学研究什么

热力学是研究变化的方向。自然界所有变化（化学的、物理的）都遵循如下规律：只有体系能量降低的过程才可能自发发生。所以自发反应一般会释放能量，靠外部能量强制发生的非自发反应，必定会提高反应产物能级。化学热力学中引入各种状态函数，来判断化学反应的方向。例如：用吉氏函数判断定压过程的反应方向；用赫氏函数判断定容过程变化方向。

腐蚀是一种以电化学反应为主的化学变化。同样可用热力学理论解释腐蚀的变化方向，即：回答材料在具体环境中是否会发生腐蚀和发生腐蚀倾向有多大。根据腐蚀过程特点，腐蚀热力学以电极电位作为腐蚀倾向判别函数，建立相应理论和应用方法。所以本章需要介绍电极电位的产生原因、测量和度量方法、电极电位和反应方向的关系，并引入几个重要基本概念：如：平衡电位、非平衡电位、纯金属的标准电极电位和能斯特方程。同时，应当了解几种判别腐蚀倾向的工具，如：电动序、电偶序和电位—pH 图等。

必须指出，腐蚀倾向不等于腐蚀速度。没有倾向，不会有速度；小的倾向，不可能出现大的速度；但大的倾向和大的速度没有必然联系，它们或是、或不是和大的腐蚀速度关联。这些在学习腐蚀动力学时还会详细研究。

第二节 腐蚀电池工作要素

上面说过电化学腐蚀本质是形成了腐蚀电池。腐蚀电池起作用（电流）的要素为：

（1）材料表面产生阳极和阴极，它们具有不同电位、位于不同位置；

（2）阳极和阴极之间要有电性连接（电子导体通道）；

（3）阳极与阴极均处于有导电能力的腐蚀环境内（离子导体通道）。

形象地说，要有两种电极（阳极、阴极）和两种通道（电子通道、离子通道）。缺少其中一种，腐蚀电池不会工作，电化学腐蚀也不会发生。

以锌在酸溶液中腐蚀为例，腐蚀电池工作过程如图 2.1。电极发生反应如下所述。

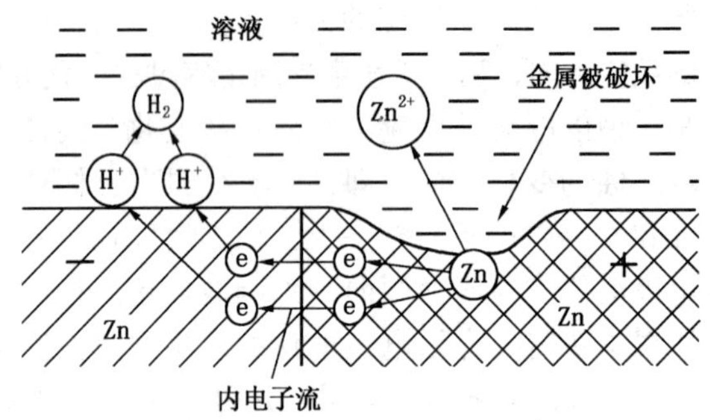

图 2.1　腐蚀电池工作示意图

一、阳极上发生氧化反应

阳极被定义为发生氧化反应的电极，腐蚀电池工作时，阳极上金属材料溶解，以离子形式进入溶液，或其他物质在电极氧化。两者都把电子留在阳极上，用以下通式表示：

$$M \rightarrow [M^{n+} \cdot ne] \rightarrow M^{n+} + ne$$

如果没有其他电极过程，上述反应将很快停止，因为溶液积累的离子和阳极积累的电子将产生附加电场，阻碍阳极反应继续进行。

二、阴极上发生还原反应

阴极被定义为发生还原反应的电极，溶液中吸收电子的氧化物质在电极上被材料中积累的电子还原。可用以下列通式表示：

$$ne + D \rightarrow [D \cdot ne]$$

能够和电子结合的氧化物质较多，不一定就是阳极反应产生的金属离子，在水溶液中 H^+ 和 O_2 都是很强的吸收电子物质。本例酸性溶液中，以 H^+ 为主，具体反应如下：

$$H^+ + e \rightarrow H$$

同样单独的阴极反应也不能长久维持。

满足腐蚀电池工作要素时，阳极和阴极同时存在，并形成一个完整的电流回路以维持上述电极反应进行。即：将阳极多余电子传输到缺电子的阴极（电子通道）；将阳极附近溶液中金属离子扩散进入溶液本体和将溶液本体溶液的氧化物质扩散到阴极电极附近（离子通道）。随着电流流动，电极反应得以不断进行，此时阳极处金属不断溶出，形成腐蚀。

第三节　材料表面形成电极的原因

材料表面产生不同电极的原因很多。根据电极大小及位置，分别构成微观腐蚀电池和宏观腐蚀电池。

一、微观腐蚀电池

微观腐蚀电池是造成潮湿大气中洁净金属表面腐蚀的主要原因，材料表面形成的微阳极、微阴极尺寸小，间距近，主要由金属表面来自以下几方面的不均匀性造成。

1. 化学成分不均匀性

如：金属中杂质。杂质的组成、性质不同于基体，有的相对基体呈阳极，如：金属锌中的 Al，Pb，Hg 等杂质减缓了金属锌在硫酸中腐蚀；但有的杂质呈阴极，加速腐蚀，例如：Fe，Cu 等杂质加速锌在硫酸中腐蚀。

2. 组织结构不均匀性

金属或合金内部存在粒子、成分和排列方式不同区域。如，普遍存在晶粒和晶界。一般说，晶界原子排列疏松和混乱，易富集杂质，化学性质较活泼，电位比晶粒电位更负。如：工业纯铝晶粒电位 0.585V，而晶界电位 0.494V。

3. 物理状态不均匀性

机械加工造成局部材料变形或应力集中。一般说，应力集中和变形大的地方易成为阳极，例如铁板弯曲处及铆钉头部区域容易优先发生腐蚀。

4. 表面膜不完整性

金属表面膜如果不完整，孔隙或破损处金属相对带膜表面有较负电位，易成为阳极。腐蚀往往先从这些点上开始。

观察微腐蚀电池存在的最简单方法是采用显色指示剂。例如，采用酚酞检测阴极区附近因阴极反应积累的 OH^-；用铁氰化钾溶液检测铁阳极区所积累的亚铁离子；用茜素酒精溶液检测铝阳极区溶出的铝离子等等。

二、宏观腐蚀电池

电极大小可用肉眼区分开的腐蚀电池称为宏观腐蚀电池。产生原因有以下几种。

1. 异种金属接触

不同金属或合金接触后同处溶液中，电位较负的材料成为阳极，不断腐蚀，电位较正的材料得到保护。海水中航行的船体钢壳与铜合金推进器构成这类电池，它们又称为腐蚀电偶。

2. 环境中腐蚀介质浓度差异

因环境腐蚀成分浓度差异构成的电池通称为“浓差电池”。常见浓差电池有“盐浓差电池”和“充气差异电池”。前者由氯离子等盐浓度差异造成，后者为含空气（主要是氧气）量的差异产生。这类电池用来解释“缝隙腐蚀”、“水线腐蚀”及“垢下腐蚀”等现象。

3. 温度差异

不同温度的同种金属构成的电池称为温差电池，研究它们对腐蚀影响的报道不多。有报道说，硫酸铜溶液中，高温铜是阴极，低温铜是阳极。铅的行为与铜类似，但银的极性与铜相反。

作为粗略估计，第一类电池的最大阴、阳极电位差可达几百毫伏，甚至一伏以上；第二类电池的最大电位差一般只有几十毫伏；温差电池电位差只有几毫伏或更小。

实际腐蚀过程往往是以上各类微腐蚀电池和各类宏腐蚀电池的某种混合形式。

由此可见，电极是腐蚀电池工作的原动力，在电化学领域里，电极可能有两种含义：

（1）代表电子导体、离子导体及它们接触界面所组成的体系；

（2）只代表电子导体本身。

后者是对前者简化说法，有时可根据上下文判别。例如：铜电极一般指金属铜和其相接触溶液组成体系，有时也单指金属铜。完整的电极含义为第一个说法，如：电极的电位。

第四节　不同导体的界面电位差

电极电位是不同导体接触时产生的界面电现象之一。所以先来看一下不同导体（导电类型或能力上不同）接触时，其界面发生的现象（图 2.2）。

例如，一根铁丝和一根铜丝相接，两者导电能力（电阻率）不同，电子较容易从电子密度高的铜丝通过界面移向铁丝，而反向移动电子较少，造成电子在界面铁丝一侧堆积，形成电位差，阻碍铜丝中电子向铁丝进一步移动，平衡时界面保持这个电位差，以使得两侧电子交换速度相等。同样情况也发生在高浓度 HCl 溶液和低浓度 HCl 溶液接触界面上，该溶液主要靠

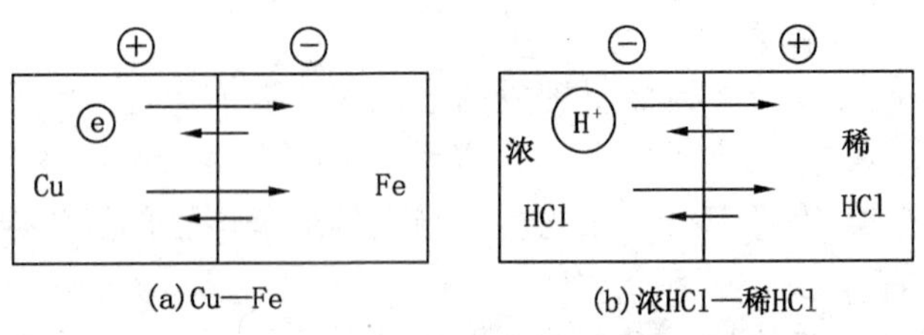

图 2.2　不同导体接触时界面电位差形成示意图

H^+ 离子导电（H^+ 离子迁移速度约是 Cl^- 离子的 5 倍）。H^+ 由高浓度溶液向低浓度溶液扩散速度要比反向的大的多，平衡时同样在界面建立电位差，以维持界面两侧电荷交换速度相等。所以，因为界面两侧导体的电荷交换能力不同（电荷密度不同或者携带电荷载体运动速度不同），达到平衡时，必定会在界面上产生电位差，以维持两侧的电荷交换速度相等。电极电位是不同导电机理的导体（电子导体/离子导体）接触界面上产生的电位差，情况比上述过程更加复杂，涉及电荷迁移和物质迁移，同时还伴随界面反应。

表 2.1 归纳了不同导体接触的界面电位特点和在腐蚀研究中对它们的考虑。

表 2.1　不同导体接触时的界面电位

界 面 材 料	金属 + 金属	金属 + 溶液	溶液 + 溶液
导电机理	电子/电子	电子/离子	离子/离子
界面电位	接触电位	电极电位	液接电位
最大数值	微伏以下	几百～几千毫伏	几～十几毫伏
腐蚀研究	不考虑，看做等电位	重点研究对象	加盐桥尽量消除

属于界面电位还有：P 型和 n 型半导体的接触电位、金属在固体电解质中电位、半导体材料在电解质的电位、不同温度导体的接触电位等，它们许多属于高新技术研究领域，但目前在腐蚀中研究不太多。

第五节　电极电位产生原因和模型

电极电位是电子导体和离子导体接触时的界面电位差。以水溶液为例分析其产生原因：界面金属原子受到极性水分子作用，可以变成自由离子，再发生水化，最后以水化金属离子形式进入溶液，在界面溶液侧形成正电荷堆积，界面金属侧形成剩余电子堆积，构成类似电容器双电层的结构（图 2. 3a）。如果离子水化能量虽足以克服离子和电子间引力，使离子能够摆脱电子约束，但这个水化能还小于晶格键能（离子与离子间约束力），那么金属离子还无法离金属而进入溶液，只能和溶液中部分正离子一起牢牢吸附在金属表面，而溶液一侧积聚相反电荷作为平衡（图 2. 3b）。这两种情况都形成离子型双电层，但界面电场方向相反。如果水化能比离子和电子间引力还小（对不容易形成金属离子的惰性金属），此时金属本身不电离，但可能吸附某些离子、极性分子或原子团，同时在界面溶液一侧形成相反剩余电荷层。其方向可能金属侧为正，也可能为负，视吸附成分性质而定。如：吸附氧原子时，金属带正电、溶液带负电；吸附氢原子时，金属带负电、溶液带正电（图 2. 3c 和 d）。这两类双电层均称为吸附双电层。

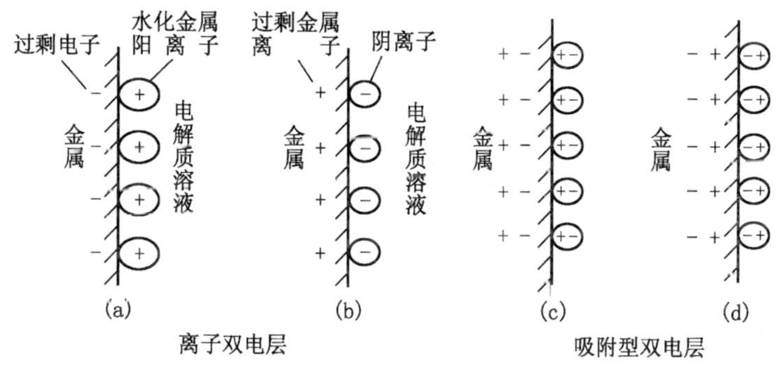

图 2. 3　各种双电层的形成示意图

离子型双电层是金属离子在界面迁移引起，其厚度和静电引力（库仑力）作用距离相当，约 10^{-4}cm 左右；吸附型双电层靠分子引力或共价键力形成，厚度更小，一般只有 10^{-8}cm。

不同类型双电层生成条件和特征归纳成表 2.2。

表 2.2　双电层形成的条件和类型

双电层类型	水化能的大小		双　电　层		实际例子	图例
	电子引力	离子键能	金属侧	溶液侧		
离子型	远大于	大于	-（电子）	+（水化金属离子）	Zn 电极，Fe 电极	图 2.3a
	大于	小于	+（正离子）	-（负离子）	Cu 电极，Hg 电极	图 2.3b
吸附型	小于	远小于	+（正基团）	-（负基团）	贵金属（氧电极）	图 2.3c
	小于	远小于	-（负基团）	+（正基团）	贵金属（氢电极）	图 2.3d

历史上提出过三个双电层理论模型，分别是：

(1) 1879 年，赫姆霍兹（Helmholtz）的平板电容器模型（紧密双电层模型）。

将双电层看做平板电容器，电极表面和吸附离子层中心面看做电容器两个极板，其间距约为一个水化离子半径。这种模型只适用溶液离子浓度很大或极板电荷密度很大的情况。

(2) 1909 年，古依（Gouy）和奇普曼（Chipman）的扩散双电层模型。

该模型认为，因离子热运动使双电层不紧密，具有扩散层结构。溶液中电荷按势能场粒子分配规律散布，而不是集中在一个面。但处理时将离子视作点电荷，故模型有较大误差。

(3) 1942 年，斯特恩（Stern）的紧密—扩散双电层模型。

此模型吸取了前两个模型合理部分，认为双电层靠电极部分像紧密层，而靠溶液一侧像扩散层。这一论点目前获得比较广泛承认。

三种模型对照图解及其双电层内电场强度分布示意图见图 2.4。

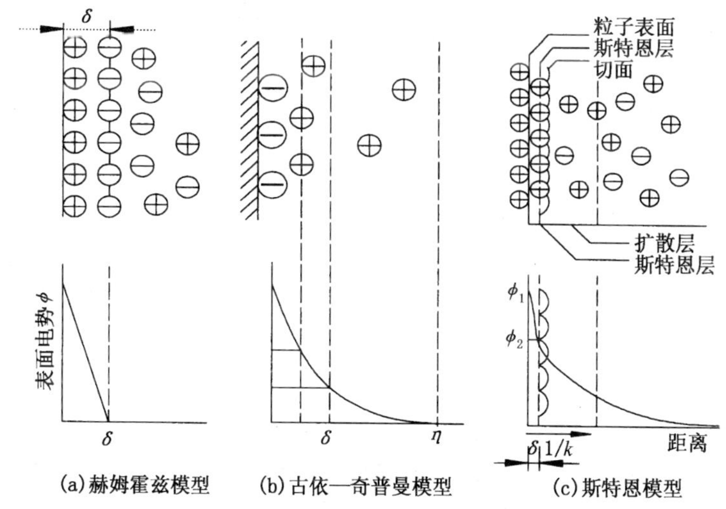

图 2.4　三种双电层模型的示意图

第六节　电极电位的测量

电极电位是界面金属侧和溶液侧的电位差。例如，海水中钢电极电位可看做钢和其临近海水电位的差。通过实验测量和确定电极电位是研究腐蚀重要手段。以下几点必须注意：

（1）单个电极的电位无法测量，因为溶液侧电位难以得到。一般采用放置在该溶液位置的、已知电位的电极代替，这种已知电位的电极称为参比电极或标准电极。通过测量两者组成的电池电动势获得该电极电位的信息。

（2）测量过程电极表面不容许有明显电流流过。因为当电流流入或流出电极表面，会使电极失去原始平衡状态，造成电位向负或正方向移动（这种现象称为极化，将在腐蚀动力学中介绍）。为获得正确的电极电位，可采用补偿电位计法或高阻电压表直接测量。补偿法测量电极电位的装置示意图见图 2.5。将

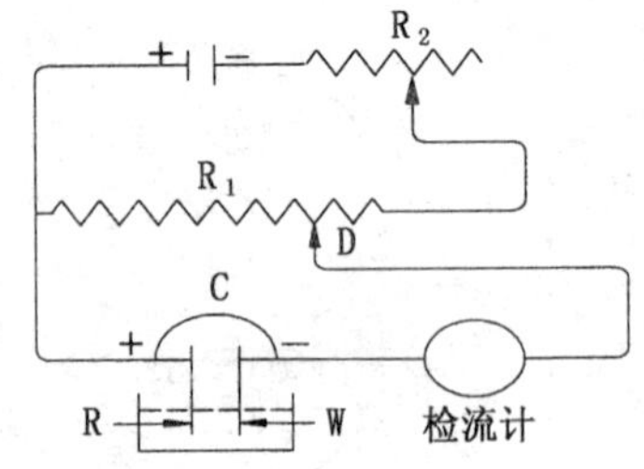

图 2.5　补偿法测量电极电位的装置

被测量电极 W 和参比电极 R 放在同一个溶液 L 中，构成电池 C。测量时，调节和一个已知电动势相接（图中假设 U_R 为正极）的滑线电阻器 R_1，使灵敏检流计无电流显示（检流计灵敏度 10^{-12}A）。此时电阻器 R_1 位置代表被测电池的电动势。其读数等于：

$$U_R - U_W = (U_R - U_L) - (U_W - U_L) = E_R - E_W$$

式中 U_R，U_W，U_L 分别代表 W，R，L 的绝对电位（无法测量）；而 E_R，E_W 分别代表被测电极和参比电极的电位（可以测量）。由于 E_R 数值已知，E_W 也可得知。

如果直接用电压表测量，那么必须采用高阻抗表。一般数字式万用表内阻达 $10^{12}\Omega$，足以满足要求，但传统的指针式万用表往往达不到要求。

（3）电位测量的误差。

除了测量电流引起电极极化误差外，电位测量误差还来自溶液的 IR 降和液接电位。通过尽量减小参比电极和被测电极之间距离来减小 IR 降，对导电性较差溶液，建议在参比电极尾端加毛细管，并使毛细管尖端尽量靠近被测电极表面（2mm 内）。

液接电位是不同溶液接触的界面电位，由离子相对迁移速度及浓度决定。表 2.3 是某些溶液液接电位数据（人为规定，LiCl 溶液电位为零）。有人发现，浓度相同、且含共同离子溶液的液接电位具有加和性。例如：

KCl(0.01N) 和 NaCl(0.01N) 液接电位 = 8.20 − 2.63 = 5.57mV(KCl 溶液为负，NaCl 为正)

HCl(0.1N) 和 KCl(0.1N) 液接电位 = 35.65 − 8.87 = 26.78mV(HCl 溶液为负，KCl 为正)

一般液接电位计算复杂，除强酸、强碱外，其他溶液液接电位都只有几毫伏，对腐蚀测量影响不大。因为 K^+ 和 Cl^- 迁移速度十分接近，用 KCl 作盐桥可基本消除液接电位。

表 2.3　典型盐溶液的液接电位①

溶　　液	浓　　度	
	0.1N	0.01N
(－) HCl	35.65mV	33.87mV
KCl	8.87mV	8.20mV
NH_4Cl	6.92mV	6.89mV
(＋) NaCl	2.57mV	2.63mV

①摘自：［美］H. H. Uhlig 著，翁永基译，《腐蚀与腐蚀控制》. 北京：石油工业出版社，1995。

第七节　参比电极和电极电位度量标准

电极电位作为一种界面电位差，自然存在电位的正负问题。

1953 年国际应用化学及纯化学会议上曾作过规定：以还原反应计算的电位作为其电极电位。例如：金属锌的电极电位代表电极反应：$Zn^{2+} + 2e \rightarrow Zn$ 对应的电位 －0.763V（金属带负电，溶液正电）。这样规定的好处是和物理学电位定义一致：即等于“将单位正电荷从无穷远处移动到电场中某点所做的功”。此外，测量时，电极符号正好代表接线极性。

现在更普遍采用氢标度，将该电极和标准氢电极组成原电池，国际上规定，任何温度下标准氢电极的平衡电位都等于零。测量所组成电池的电动势，其符号代表该电极电位的符号。所以金属锌的电极电位为 －0.763V，不管是写成 $Zn^{2+} + 2e \rightarrow Zn$ 还是 $Zn \rightarrow Zn^{2+} + 2e$。

作为零基准的标准氢电极按国际规定为“以镀铂黑的铂片浸在含 1mol 氢离子活度、并用 1atm 氢气饱和的溶液”的电极。此种电极在任何温度下的平衡电位都规定为零。

通过测量金属 M（例如：Zn）和标准氢电极构成的电池的电动势 E（图 2.6），就可以得到该金属电极电位：

$$E = E_H - E_M = -E_M$$

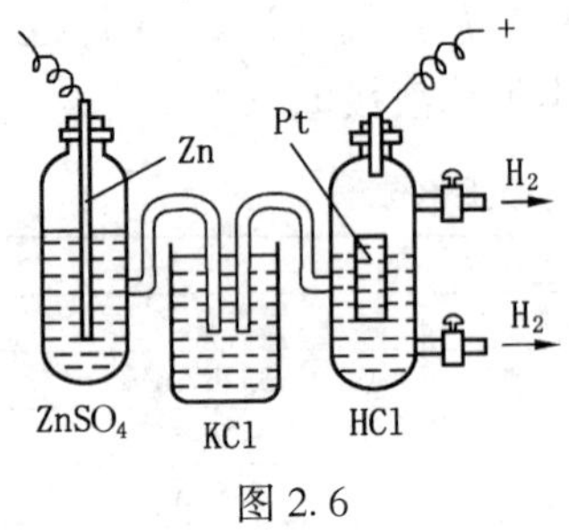

图 2.6

这样得到的电极电位称为标准氢标电位，相应度量系统称为氢标，用 SHE 表示。大多数手册给出的电位数据，如无特殊说明，均指氢标电位。

实际测量中，氢电极制备和使用十分不便，因此引入二次标准，即采用其他参比电极作为二级度量体系。参比电极是一类电位十分稳定（受温度、电流等影响很小）的基准电极。

表 2.4 给出三种最常用参比电极的结构、电极反应、电位、温度系数和简写符号。

表 2.4　常用参比电极数据表

电极结构		电极反应	E_0 V (SHE)	电位值，V (SHE) 温度公式①	符号
金属	内溶液				
汞—甘汞	饱和 KCl 1N KCl 0.1N KCl 海水	$Hg_2Cl_2 + 2e \rightarrow$ $2Hg^+ + 2Cl^-$	0.242	0.2415 − 0.00076 (T − 25℃) 0.2800 − 0.00024 (T − 25℃) 0.3337 − 0.00007 (T − 25℃) 0.2959 − 0.00028 (T − 25℃)	SCE
铜	饱和 $CuSO_4$	$Cu^{2+} + 2e \rightarrow Cu$	0.337	0.316 − 0.00090 (T − 25℃)	CSE
Ag - AgCl	海水 0.1N KCl 饱和 KCl	$AgCl + e \rightarrow$ $Ag^+ + Cl^-$	0.222	0.2505 − 0.00055 (T − 25℃) 0.288 − 0.00043 (T − 25℃) 0.1959 − 0.0011 (T − 25℃)	

①表示电极电位随温度变化的关系式，*T* 代表温度（℃）。

各种电位标度之间数据换算是腐蚀研究中又一项最基本运算，初学者经常算错。以下介绍一种坐标图示法。将各度量标准和氢标差值画在同一氢标坐标轴上作为该度量标准的原（零）点，例如，常温下，SCE 和 CSE 标度零点分别位于氢标上 +0.242V 和

+0.316V（见图 2.7）。对任意测量电位 x，它和不同原点距离线段关系，代表三种电位标度换算关系。很容易得到 E_{SHE}，E_{SCE}，E_{CSE}等电位标度之间的换算公式（电位单位均为 V）：

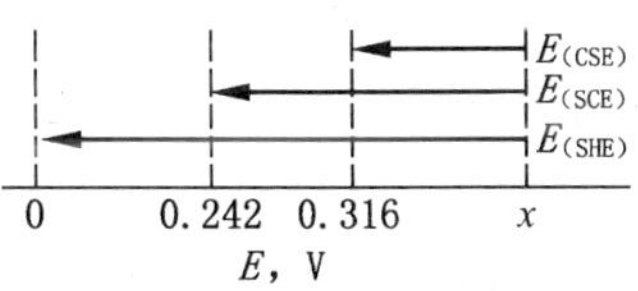

图 2.7　各种标度电位换算的图解

$$E_{SHE} = E_{SCE} + 0.242 \quad 和 \quad E_{SHE} = E_{CSE} + 0.316$$

或

$$E_{SCE} = E_{CSE} + 0.316 - 0.242 \text{ 和 } E_{CSE} = E_{SCE} - 0.316 + 0.242$$

例如，钢铁在土壤中阴极保护电位为 -0.85V（CSE）。如换算成 SCE 标度，为：

$$E_{SCE} = E_{CSE} + 0.316 - 0.242 = -0.85 + 0.316 - 0.242$$
$$= -0.776 \text{ V}$$

不同参比电极有各自应用范围和特点，例如：Ag—AgCl 电极、饱和 $CuSO_4$ 电极不应用于强碱性环境，甘汞电极不宜用于高浓度氯化物溶液，0.1N KCl 甘汞电极具有最低温度系数等等。

第八节　电极电位和材料腐蚀倾向

腐蚀反应一般属恒压过程，可用吉氏函数变化 ΔG 判断反应方向。25℃、标准状态下金属 Mg，Cu，Au 在水中腐蚀反应时的吉氏函数变化 ΔG 分别如下：

$$Mg + H_2O(液) + 1/2\ O_2(气) \rightarrow Mg(OH)_2(固)$$
$$\Delta G = -142600\text{cal}$$
$$Cu + H_2O(液) + 1/2\ O_2(气) \rightarrow Cu(OH)_2(固)$$
$$\Delta G = -28600\text{cal}$$
$$Au + 3/2\ H_2O(液) + 3/4\ O_2(气) \rightarrow Au(OH)_3(固)$$
$$\Delta G = +15700\text{cal}$$

从这些数据可以看到：金属镁和水反应倾向要比铜大得多，因为前者 ΔG 更负；而金的 ΔG 为正，所以和水反应不可能发生。

电化学腐蚀反应的吉氏函数减少等于腐蚀过程做的功，假设腐蚀过程不存在其他形式功，那么就等于做的电功，即：等于腐蚀电动势 E 和传递电量 C 的乘积：

$$\Delta G = -EC = -EnF = -(E_H - E_M)nF = E_M nF$$

式中 n——参加反应的电子数，或反应中金属化学价的变化；

F——法拉第常数，96500C/mol；

E——腐蚀电池电动势，等于氢电位 E_H 和腐蚀金属电位 E_M 的差值。

所以，电极电位可以判断材料腐蚀倾向，而且由于它和 ΔG 不同，不受物质量影响，所以使用更加方便。电极电位和其他判断准则的对应关系如表 2.5。

表 2.5　腐蚀倾向的判断准则

项　　目	反应自发发生	可逆反应（平衡）	反应不能自发发生
吉氏函数	越负反应倾向越大	=0	正值表示反应不可能
电动势	越大反应倾向越大	=0	负值表示反应不可能
腐蚀金属电极电位	越负腐蚀倾向越大	—	越正腐蚀倾向越小

第九节　平衡电极和标准电极电位

如同物理化学中研究气体首先从理想气体开始一样，我们先从最简单的平衡电极开始。顾名思义，平衡电极是达到平衡的电极，用科学术语表达为：所有粒子在电极界面各相中的化学势相等，不再发生定向迁移。或者通俗地说，同时达到了电荷平衡和物质平衡。物质平衡的条件只有在单电极（即：阳极反应和阴极反应恰好是同一反应的正向和逆向过程）才有可能，或简化表达为：电极上只有一个电极反应。例如：汞齐化镉在 $CdSO_4$ 溶液中阳极反应是：$Cd \rightarrow Cd^{2+} + 2e$；阴极反应是：$Cd^{2+} + 2e \rightarrow Cd$。当正向和逆向反应速度相等时达到平衡，这个速度

用交换电流密度 I_0 表示。此时，单位时间金属的溶解量等于沉积量（物质平衡），同时，界面上电荷交换量也相等（电荷平衡）。电荷平衡决定电极电位不再随时间变化，所以平衡电位肯定也是稳定电位，但稳定电位不一定是平衡电位。因为物质平衡肯定决定了电荷平衡；但电荷平衡时，物质也可以不平衡，这在介绍非平衡电极时可以看到。

平衡电极是理想化的电极，实际电极多数不是平衡电极，许多比氢活泼的金属（铁、镍、锌、镉等）即使在含其阳离子水溶液中的稳态电位也不等于其平衡电位，一般要更正一些，因为此时的阴极反应主要是析氢反应而不是金属离子的还原。金属汞齐化（即：溶解在汞中）后，因为氢在汞表面析出阻力特别大（称为“氢过电位”），所以稳态电位和其平衡电位偏离不大，例如前面提及的汞齐化镉在 $CdSO_4$ 溶液中稳态电位和纯镉按热力学计算的平衡电位十分接近。不活泼金属（如：铜、汞等）的电位也会因耗氧腐蚀而偏离平衡电位。这些内容将在腐蚀动力学中介绍。

平衡电位可以准确计算。以金属和其离子构成的平衡电极为例，其电位值和温度及其离子浓度有关。取离子活度等于 1 时的电位值作为标准平衡电极电位，或简称标准电极电位，记作 E^0。它是纯金属重要热力学数据，在一般物理化学手册中都可以查到。某些金属的标准电极电位见表 2.6。

表 2.6　标准平衡电极电位表（25℃）

金属	电极反应	E^0，V（SHE）	金属	电极反应	E^0，V（SHE）
Au	$Au^{3+}+3e \rightarrow Au$	+1.50	Ni	$Ni^{2+}+2e \rightarrow Ni$	−0.250
Cu	$Cu^{2+}+2e \rightarrow Cu$	+0.337	Fe	$Fe^{2+}+2c \rightarrow Fe$	0.440
	$2H^{+}+2e \rightarrow H_2$	0.000	Zn	$Zn^{2+}+2e \rightarrow Zn$	−0.763
Sn	$Sn^{2+}+2e \rightarrow Sn$	−0.126	Li	$Li^{+}+e \rightarrow Li$	−3.05

第十节　能斯特方程和平衡电位计算

根据热力学理论，可用标准电极电位和反应物、反应产物活度来计算平衡电极的电位。例如，对于电极反应：$M^{n+}+ne \rightarrow M$，有以下方程式：

$$E_M = E_M^0 + \frac{RT}{nF}\ln\left[\frac{(M^{n+})}{(M)}\right]$$

这就是能斯特方程，是腐蚀热力学最重要计算公式之一。反映平衡电极的电位与反应条件（温度、物质浓度等）的函数关系。注意，非平衡电极不能用此式计算。以下具体说明这个公式应用中的一些注意事项。

（1）“活度”还是“浓度”。严格说，(M^{n+}) 应当采用“活度”为单位。只有在粗略计算或对很稀溶液时方可浓度近似代替活度。离子活度值 = 浓度值 × 活度系数。活度系数 γ 是一个无量纲系数，它和溶液中各种离子总量有复杂关系，一般查表确定。计算时，浓度用质量摩尔浓度，即：mol/1000g。注意：纯固体活度被规定为 1。反应中浓度保持恒定的物质，如：溶液中水的活度也规定为 1。气体物质活度等于其逸度，常压下近似等于大气压（atm）[1] 为单位的该气体分压。例如，涉及氧的电极反应，当电极表面析出氧气时，取氧活度为 1atm；如果没有析氧，则氧活度按空气中氧浓度（0.2atm）计算。

（2）对数项前的正负号。不同书中表达不一样，和对数项后面分子、分母代表含义有关。一般书籍规定，取“+”号时，以反应物氧化态的活度乘积为分子，以还原态物质活度乘积为分母（若取“-”号，则分子和分母项颠倒），但常易混淆。其实对于电极反应（氧化还原反应），均涉及电子，所以可记住：对数项前取“+”号，反应式中含电子一侧的所有物质活度乘

[1] 1atm = 101325Pa。

积为分子，另一侧物质为分母。如果反应式中某物质前有系数，则该系数作为该物质活度的指数。

（3）对数前系数值。系数项中，R 是气体常数，等于 8.314J/（mol·K）；F 是法拉第常数，等于 96500C/mol；T 是用绝对温标（以摄氏温度－273.2 度为零点）表示的温度，n 是反应式中的电子数。为计算方便，经常用常用对数（以 10 为底）代替自然对数，此时，系数项需乘以 2.303。25℃时，系数 $2.303RT/F$ 的计算值为 0.0592V。这个值最好要记住，因为在电极电位计算中使用十分频繁。

（4）E_M^0 是标准电极电位，它等于反应物、反应产物活度都等于 1 时的电极电位。许多化学手册中都可以查到 25℃时各种标准电极电位的数据。

用能斯特方程计算平衡电极电位，并由此估计腐蚀倾向或反应可能，这是腐蚀中常用和有效的手段，读者应当化时间反复练习，熟练应用。以下提供几个计算例题。

［**例 2.1**］电池：Zn｜0.5M $ZnCl_2$｜酸溶液｜Pt（氢电极）的电动势为 0.550V，求酸溶液 pH 值。（25℃，$E_{Zn}^0=-0.763V$，0.5M $ZnCl_2$ 活度系数为 0.38）。

解：阳极反应：$Zn \rightarrow Zn^{+2}+2e \qquad E_{Zn}^0=-0.763V$

阴极反应：$2H^+ + 2e \rightarrow H_2$　　（无氧去极化）

$$E_{Zn}=E_{Zn}^0+\frac{0.0592}{2}\log(a_{Zn^{2+}})=-0.763+\frac{0.0592}{2}\log(0.5\times 0.38)$$

氢电位：$E_H=E_H^0-\frac{0.05g}{2}\log a_{H^+}^2=0-0.05g\ \log a_{H^+}=-0.059pH$

电池电动势等于：$-0.059pH-[-0.763+\frac{0.0592}{2}\log(0.5\times 0.38)]=0.550V$

$$-0.059pH-(\ \ 0.763-0.02)=0.550$$

即：
$$-0.059pH=-0.233$$
$$pH=3.95$$

答：酸溶液的 pH 值为 3.95。

［例 2.2］金属锌浸在氯化铜溶液中会发生什么反应？当 Zn^{2+}/Cu^{2+} 的活度比等于多少时，此反应才会中止（已知 $E^0_{Zn}=-0.763V$；$E^0_{Cu}=0.337V$）。

解：标准条件下，反应：$Zn+Cu^{2+}\rightarrow Zn^{2+}+Cu$ 构成的电池电动势为：

$$\Delta E=E^0_{Cu}-E^0_{Zn}=+1.100\ V$$

电动势为正值，标明正向反应（锌和铜离子的置换反应）会发生。要中止此反应，必须使 $E_{Zn}-E_{Cu}$ 不小于 0；即：

$$E^0_{Zn}+\frac{2.3RT}{2F}\log(a_{Zn})-E^0_{Cu}-\frac{2.3RT}{2F}\log(a_{Cu})\geqslant 0$$

$$\log\left(\frac{a_{Zn}}{a_{Cu}}\right)\geqslant\frac{2\times(0.337+0.763)}{0.0592}=37.16\ \text{或}\ \frac{a_{Zn}}{a_{Cu}}\geqslant 1.45\times10^{37}$$

答：Zn^{2+}/Cu^{2+} 的活度比至少不小于 1.45×10^{37} 时，锌和铜离子置换反应才中止。

第十一节　非平衡电极和非平衡电位

非平衡电极上的物质平衡没有达到。物质无法达到平衡的原因发生在含有两个或两个以上电极反应的电极，它的阳极反应是一种反应，阴极反应是另一些物质参与的反应。随着反应进展，某些物质增加，某些减少，永远不可能复原。例如：铁在盐酸溶液中构成的电极：

阳极反应：$Fe\rightarrow Fe^{2+}+2e$

阴极反应：$2H^{2+}+2e\rightarrow 2H$

这种只有两个电极反应的电极，称为共轭电极，是最简单的非平衡电极。在腐蚀研究中，将阳极反应是金属溶解反应的电极通称为腐蚀电极，其电极电位称为腐蚀电位，有些书也称为自然腐蚀电位或自腐电位。所以，所有腐蚀电极都是非平衡电极，最简单的腐蚀电极是上例那样的共轭电极。复杂的非平衡电极可能含多个不同阳极反应和多个不同阴极反应。例如：

二元合金在酸中的电极过程可能同时有两个阳极反应。

非平衡电极的电位通称为非平衡电位。非平衡电极不可能达到物质平衡，上例中，随着反应进行，铁不断溶解、氢气不断析出。但非平衡电极有可能达到电荷平衡：只要单位时间内，铁的溶解和氢的析出速度相等。此时界面上生成铁离子所提供电子的速度和氢析出消耗电子的速度相等，界面无电荷积累，电极电位不随时间变化，始终稳定，这种电位称为稳定的非平衡电位。当然非平衡电位更可能是不稳定的，随时间变化的。例如，金属铝在土壤中放置数月后电极电位仍出现随时间的大幅波动。

综上所述，腐蚀电极都属于非平衡电极，而平衡电极是无腐蚀发生的电极（虽然仍存在交换电流），所以对腐蚀研究而言，非平衡电极重要性要大得多。非平衡电极是极化了的电极，它的电位靠极化公式或更主要靠测量得到，不能用能斯特方程计算，这些将在腐蚀动力学中重点讨论。

第十二节　电动序和电偶序

按标准平衡电位值大小排列的序列称为电动序。

电动序中，电位较负金属是较活泼金属，较易腐蚀；较正是惰性金属。例如：最活泼金属 Li 的电极电位为 -3.05V，Zn 为 -0.763V，而最稳定的金为 +1.50V。电动序是腐蚀研究中有用工具，可用来预测金属腐蚀倾向和研究不同金属偶接极性。例如，根据电动序判断，用金属 Li 代替 Zn 作原电池腐蚀电极可获得更大的电池电动势，在克服了金属 Li 在溶液中的稳定性问题后，锂电池工业发展极快，目前在许多领域得到应用。

电动序应用存在某些局限性。其一是排斥了工程上更有实用价值所有合金材料，因为合金不具备平衡电位值；其二是实际条件下金属平衡电位还依赖温度和平衡时该离子活度等条件。许多情况下，标准平衡电位规定的活度 =1 代表不可能达到的浓度。例如，按电动序，锡比铁不活泼，E_{Sn} = -0.136V，E_{Fe} =

−0.440V，在含空气水溶液中它们表现的确符合这个次序。但在装食品的镀锡铁皮容器内，由于食品中有机酸对锡的络合作用，使得锡离子浓度大大降低，按能斯特方程计算，当锡离子与铁离子的活度比降到 5×10^{-11} 时，锡电位将负移到比铁更负值（极性逆转）。这个条件在罐头容器内总是满足，所以镀锡铁皮作为罐头容器可安全使用，不致造成铁腐蚀污染食品的现象。电动序第三个局限是没有考虑金属表面膜对电极电位影响。铬、铝等金属在电动序上和锌活性相当，但实际上因表面钝化膜存在，其行为更像铜、银等惰性金属。

由此提出更实用的电偶序。电偶序是按金属或合金（包括特定表面膜形态）在某一具体环境下实测电位（包括稳定的非平衡电位）的大小排序。一般说，不同环境存在不同电偶序。材料在电偶序位置不仅随环境变化；还可能因表面状态而改变，同种材料可能在电偶序表占几个位置，有时分别标明为：活化态或钝化态。例如，某海水中电偶序如表 2.7。

表 2.7　海水中的电偶序①

活性自上而下减弱	
镁、镁合金	黄铜
锌	镍（活化态）
铝、铝合金	铜
软钢、铸铁	青铜（88%Cu、2%Zn、10%Sn）
13Cr 不锈钢	镍（钝化态）
18－8 不锈钢 304 型（活化态）	70%Ni、30%Cu（Monel 合金）
铅	钛
锡	18－8 不锈钢 304 型（钝化态）
惰性自下而上减弱	

①摘自：［美］H. H. Uhlig 著，翁永基译，《腐蚀与腐蚀控制》，北京：石油工业出版社，1995。

电偶序可以更准确地判别材料腐蚀倾向和电偶极性。不同材料偶接极性取决于它们在电偶序中的次序，表中前面金属和后面金属偶接时总为阳极。偶接金属对在电偶序中分得越开，偶接危害一般也越大。但偶接实际危害还取决于它们相对面积、极化程度以及腐蚀环境导电性等。这些将在腐蚀动力学的电偶腐蚀等节再作介绍。

第十三节　电位—pH 值图及应用

电位—pH 值图是比利时科学家布拜（M. Pourbaix）设计，用来归纳材料—环境体系各种稳定态物质热力学数据的图形。该图用材料电位对溶液浓度和 pH 值作图，得到一系列等温、等浓度的电位—pH 值线。例如，铁—水体系的电位—pH 值图，其纵坐标为材料电极电位（SHE），横坐标为溶液 pH 值。除 H^+、OH^- 外其他离子活度均规定为 10^{-6}，基本图形见图 2.8。

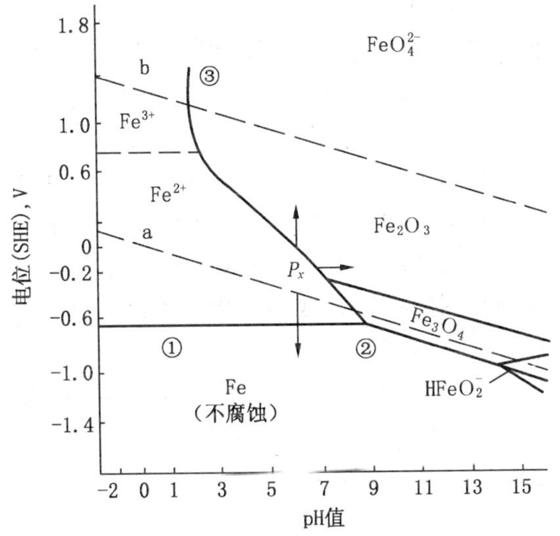

图 2.8　铁—水体系的电位—pH 值图

该图包含线段和这些线段构成的平面区域。区域代表该条件下热力学稳定的物质状态，线段代表相邻物质间反应的热力学平衡方程式。根据线的性质反映反应的特征：

水平线：如图中线段①，表示只有电子交换，不产生 H^+ 或 OH^- 的反应：

$$Fe^{2+} + 2e \rightarrow Fe$$

其线段方程（电化学反应）：

$$E = -0.440 + 0.0296\lg(Fe^{2+})$$

垂直线：如线段③，表示没有电子交换，只产生 H^+ 或 OH^- 的反应：

$$Fe_2O_3 + 6H^+ \rightarrow Fe^{+3} + 3H_2O$$

其线段方程（化学反应）：

$$\lg(Fe^{3+}) = -0.723 - 3pH（与电位 E 无关）$$

斜直线：如线段②，表示既有电子交换，又产生 H^+ 或 OH^- 的反应：

$$Fe_3O_4 + 8H^+ + 8e \rightarrow 3Fe + 4H_2O$$

其线段方程（同时含电化学反应和化学反应）：

$$E = -0.085 - 0.059pH$$

将 E 看做函数值 y，pH 值看做自变量 x，显然电位—pH 值图就是 $y=f(x)$ 的图形，它和另一种变量（离子浓度）也有关，所以有些书介绍的电位—pH 值图由一系列平行线构成，每条线代表一种具体离子活度，看起来要复杂得多。

铁—水体系图的线段大致勾画出三类区域（如果将所有氧化物区看做一类）。它们为：

（1）稳定区。位于图下方，该区内金属铁处于热力学稳定状态。铁无腐蚀倾向。

（2）腐蚀区。分成两块，图左、右两侧。左侧腐蚀区内热力学稳定态分别是 Fe^{2+}（位于下部）和 Fe^{3+}（位于上部）。右侧腐蚀区的稳定态是 $HFeO_2^-$（也有说是 FeO_4^{2-}）。

（3）可能钝化区。以固态氧化物、氢氧化物或盐等表面膜为稳定态，腐蚀取决于膜的保护性。

M. Pourbaix 等将 90 多种元素与水组成体系电位—pH 值图

汇集成册（电化学平衡图谱）。它们在无机、分析、冶金和地质等领域都有广泛应用。本书仅仅介绍在腐蚀方面的应用。

电位—pH 值图在腐蚀研究主要用于两个目的：一是指出各种条件下稳态物质形式，例如，金属铁为稳定态的条件下肯定无腐蚀倾向；二是提示控制腐蚀的途径。例如，处于图 2.8 左侧腐蚀区的 *P* 点。为控制其腐蚀倾向，可有以下三种途径：

（1）升高材料电位，从 *P* 点向上移动到可能钝化区（如：采用外加电流阳极保护的方法）；

（2）提高溶液 pH 值，使 *P* 点向右移动到钝化区（如：加碱性物质促使铁表面钝化）；

（3）降低材料电位，使 *P* 点向下移动到稳定区（阴极保护中采用的办法）。

前两种方法成功与否很大程度取决于实施条件，即所得钝化膜能否有保护性 。

电位—pH 值图的应用也有一定局限性，主要来自于以下几个原因。

（1）图中数据均属于热力学性质，所以只能预示反应倾向，不涉及反应速度；

（2）图中电位均为平衡电位，实际上，金属只和自身离子建立平衡的情况极少；

（3）图中 pH 值为反应平衡 pH 值，它和溶液环境宏观 pH 值是有差别的；

（4）只考虑 H^+ 或 OH^- 影响，实际上其他离子，如：Cl^-，S^{2-} 等离子的影响有时不可忽视；

（5）无法提供钝化区中表面膜性质、保护能力等方面信息。

为克服上述缺点，有人建议以实测电位（包括非平衡电位）和 pH 值数据绘制电位—pH 值图。这种图可从实测极化曲线计算得到；或结合失重试验等腐蚀数据，在图中绘出等腐蚀曲线；或将钝化区细分为点蚀区、不完全钝化区和完全钝化区等。这种“实验”电位—pH 值图在腐蚀研究中具有更大应用价值。

第三章　腐蚀动力学和极化现象

第一节　腐蚀动力学研究什么

上面已经说过，热力学研究反应倾向，不涉及反应速度。实际工程中，人们更关心材料腐蚀速度，这是腐蚀动力学研究内容。腐蚀动力学是化学动力学的一个分支，因为腐蚀反应也是化学反应的一部分。物理化学中告诉我们，化学动力学研究化学反应速度和机理，具体说，研究浓度、压力、温度、时间及催化剂等因素对反应速度的影响，此外还研究反应过程步骤等反应机理问题。化学动力学比热力学复杂得多，相对说还很不成熟，许多领域尚待深入研究。尤其是腐蚀过程大部分属于电化学反应、涉及界面的多相反应，而且往往为非均相反应，这类化学反应在化学动力学中研究不太充分，所以腐蚀动力学还很不完善，目前研究是基于简单电极，以此分析电极过程步骤、导入“极化”概念和计算腐蚀速度等。对实际腐蚀（较复杂电极反应）尚缺乏有效理论指导。这也是为什么目前电化学腐蚀理论虽已形成独立体系，但终究还属于实验科学的原因。材料腐蚀速度主要依赖实验测量而不是动力学计算，腐蚀现象解释最终还需要实际检验等等。腐蚀理论今后研究的热点除继续研究和完善腐蚀动力学理论外，还必须大力发展腐蚀计量学，即：建立腐蚀测量和腐蚀理论之间联系桥梁，从多个方面推动腐蚀科学的发展。

第二节　极化现象的本质及分类

热力学主要研究平衡电极，即：阳极和阴极过程属于同一反应，且速度相等，不存在净电流的状态。平衡电极是不腐蚀电极。现研究非平衡电极建立稳态电位的过程。考察插在3%氯化钠溶液中的铜片和锌片，当两者间没有电线连接时，铜的电位为+0.05V，锌的电位为-0.83V（均对氢标），此时两种电极上均无宏观电流流出或流入。如果将铜片和锌片连接。那么电流会从电位较高的铜极通过导线流向低电位的锌极，同时在溶液中电流从锌极流出，流入铜电极。实验观察到，通电瞬间有较大电流，但很快下降，数分钟后达到稳定，电流只有初始值几十分之一。电流减少原因是铜和锌之间电位差急剧下降(锌电极电位向正偏移而铜电位向负偏移)。这种因电流流过而导致电极电位变化的现象称为电极的极化。

因电流造成电极电位偏移的大小（绝对量）称为极化量，正向偏移量称为阳极极化量，负向偏移值称为阴极极化量。电位偏移速度，即：单位电流引起的电位偏移值称为极化率，同样存在阳极极化率和阴极极化率。这些和介绍腐蚀量和腐蚀速度概念时十分类似。极化研究中必须区分这两种概念，极化量的单位为电压，如：V；而极化率单位为：电压/电流，即：电阻，如：Ω，两者不要混淆，否则在讨论钝化现象时容易造成混乱。

极化现象印证了自然界一种普遍规律，物理化学知识告诉我们，平衡体系变化总会产生某种减弱引起该变化原动力的对抗因素。例如，高温物体将热量传递给低温物体，结果造成高温物体温度降低、低温物体温度升高，或者说，引起热传递的原动力“温差”减小；另一个例子是：高水位水流向低水位，使高水位水面下降、低水位升高，造成水流动的原动力“水位差”减小。所以，当电池中有电流流动，其后果必然会引起促使电流流动的原动力“电池电动势”的减小。

极化是电极反应的阻力，其本质是电极过程存在某些较慢步骤，限制了电极反应速度。前面讲过，腐蚀电池的电流回路中包含电子通道和离子通道，两种通道交接处分别是阳极和阴极的界面反应（同样起电荷传递作用)。由于电子迁移速度一般总是比电化学反应或离子等基团移动速度快，所以起阻碍作用最可能是后几个过程。即：阳极反应、溶液中离子迁移运动、阴极反应这些较有可能成为电极反应中最慢步骤，成为整个过程的控制步骤。

打一通俗比方，将电池电流回路比做城市的环形道路，电子通道相当高速公路，离子通道比做普通公路，阳极和阴极反应相当高速公路入口和出口。后三个环节较有可能堵车，成为影响车流速度的“瓶颈”，整个环道的车流速度取决于“瓶颈”处的速度。

根据起控制作用的“瓶颈”部位，对极化现象分类：凡因为界面电化学反应造成的阻碍称为电化学极化，其中因阳极反应引起的为阳极电化学极化，因阴极反应引起为阴极电化学极化；凡因溶液中离子运动太慢造成的阻碍称为浓度极化，同样，如果阻塞在阳极附近溶液，称为阳极浓度极化，阻塞在阴极附近溶液，称为阴极浓度极化。

由于历史习惯，还经常使用电阻极化的概念。它们可以看作在整个主体溶液，甚至在电子回路上的阻塞。

无论哪种极化，都造成腐蚀反应受阻，起减缓腐蚀作用，所以极化是一种减轻腐蚀的手段，反过来说，消除极化则造成腐蚀加剧。去极化剂是一种能消除极化的物质，所以它们被看做腐蚀促进剂，会加速腐蚀过程。例如：阴极电化学极化往往由于阴极表面积累过多剩余电子造成，当溶液中含有较多 H^+ 或 O_2 时，它们到达阴极发生还原反应，消除阴极表面过剩电子，所以它们是阴极去极化剂，促使腐蚀发生，这种现象在自然界里分别称为“析氢腐蚀”和“耗氧腐蚀”，在本书第五章的环境腐蚀中将详细讨论。

第三节　电化学极化

电极反应太慢引起的极化称为电化学极化，电极反应缓慢的原因是和较高的反应活化能有关，所以电化学极化又经常被称为活化极化。

绪论中介绍腐蚀自发性时曾提过，高能级金属向低能级腐蚀产物的变化是自发的。其含义只代表这个变化是可能发生，不代表实际发生几率。化学动力学知识告诉我们，即使是能量降低的、有自发倾向的反应往往仍需要一定能量才能使反应真正进行。例如，我们将一个竖立火柴盒推倒成平卧状态，这个过程由于重心降低（势能减少），有自发发生倾向，但具体推倒过程却总要经过一个重心升高过程，不靠外部推或震动等方法提供这个能量，火柴盒不会自动倒下（图 3.1a）。如果上述过程是某个化学反应，这个需要事先提供的能量称为活化能，它代表使普通分子变成具有反应能力的活化分子所需的能量。假如反应始态物 A 能级为 E_A，终态产物 B 能级为 E_B，活化能 Q_1 是 B→A 反应中最高能态和原

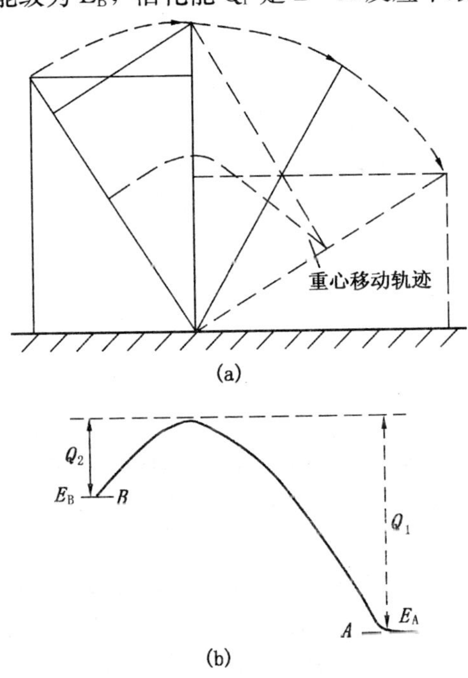

图 3.1　解释活化能的示意图

（a）火柴盒倒下过程；（b）化学反应过程

始能态之差。即使是高能级 B 变成低能级 A，就像多数腐蚀过程那样，也同样需要活化能 Q_2。这个活化能最终和（$E_B - E_A$）能级差一起作为 B→A 反应能量被释放（如图 3.1b）。

活化能 Q 越大，反应阻力越大；或者说，反应速度 v 越小；反过来说，活化能越小，反应速度越大，Q 和 v 两者关系可用阿累尼乌斯方程表示：

$$v = k\exp\left(-\frac{Q}{RT}\right)$$

式中 R 为气体常数；T 为绝对温标表示的温度，25℃下，$RT \approx 2.48$kJ/mol。

根据上式估算，如果活化能降低 10kJ/mol，反应速度约提高 50 多倍（约 e^4）。

以氢离子在阴极上析氢反应为例。虽然在氢平衡电位时反应可能性已经存在，但反应实际发生需要活化能，电位应当比平衡电位更负，以吸引氢离子在电极吸附和反应，析氢反应所需提供的额外能量用氢过电位 η 表示。氢过电位就是阴极析氢反应的活化能。析氢活化能强烈依赖电极材料和表面状态，光滑铂片上氢过电位几乎为零，但 Pb，Hg 等金属表面析氢活化能十分可观，此外，温度、溶液成分、电流等因素对过电位值也有影响。表 3.1 给出在 1mA/cm^2 电流条件下部分金属表面的氢过电位值（氢过电位均为负值，但多数手册中给出它们的绝对值）。

阴极上金属沉积也需活化能，但数值一般小于析氢活化能，如：同上条件下，锌或铜离子在阴极上沉积的过电位约为 0.20V。

阳极上析氧或金属溶解反应同样需要反应活化能，分别称为：氧过电位或金属溶解过电位。此时电极电位必须比其平衡电位更正，以提供吸引 OH^- 到达电极或带正电金属离子进入溶液的额外能量。所以阳极活化极化总是使电极电位向正电位方向移动。例如：20℃、0.1N NaOH 溶液中，光亮 Pt 或 Au 表面的氧过电位都为 0.47V。

表 3.1 金属表面的氢过电位值[①]

金属	温度	溶液	η，V	金属	温度	溶液	η，V
Pt（光）	20℃	1N HCl	0.00	Pt	25℃	0.1N NaOH	0.13
Pd	20℃	0.6N HCl	0.02	Al	20℃	2N H_2SO_4	0.70
Mo	20℃	1N HCl	0.12	Sn	20℃	1N HCl	0.75
Ta	20℃	1N HCl	0.16	Zn	20℃	1N H_2SO_4	0.94
Ag	20℃	0.1N HCl	0.30	Hg	20℃	0.1 HCl	1.10
Fe	16℃	1N HCl	0.45	Pb	20℃	1N HCl	1.16

①摘自：［美］H. H. Uhlig 著，翁永基译，《腐蚀与腐蚀控制》，北京：石油工业出版社，1995。

不少书籍给出的过电位始终取正值。如表 3.1 的数据根据其极化类型可判断它们应为负值。

第四节 浓度极化

溶液中反应物或反应产物迁移速度（液相传质）太慢引起的极化称为浓度极化。此时，该物质在电极表面和溶液本体中出现浓度差别，例如：对在电极表面起反应的物质来说，在溶液本体中浓度会大于电极表面。而对于电极反应形成的产物，其电极表面浓度要大于溶液本体，所以浓度极化又经常被称为浓差极化。

例如，通过电流让稀 $CuSo_4$ 溶液中铜离子向溶液中的铜电极表面沉积（铜为阴极），由于铜离子迁移速度低于铜离子向电极上沉积速度，随着反应进行，溶液本体中铜离子还来不及向电极表面迁移，使电极表面溶液铜离子浓度越来越少。其结果迫使铜电极电位变得更负，以利于吸引带正电荷铜离子到达。这种电位变化称为浓度极化，当电极表面铜离子浓度接近零时，浓度极化也趋向无穷大。实际极化过程中不可能达到无穷大，因为在比铜沉积反应电位更负电位条件下，将会有其他电极反应会发生。如上例中，当铜电位因极化而下降到析氢电位时，溶液中氢离子将在铜电极上析出，取代铜的沉积反应。

阳极上也会出现浓度极化，上例中如果改变电流方向，使铜成为阳极，它的浓度极化极限值相当于在阳极附近溶液中形成了饱和铜盐溶液（铜离子来不及扩散离开），从而迫使铜电极电位变正，减少带正电荷铜离子在阳极附近的积聚。不过阳极过程这个极限值不像在阴极附近铜离子浓度接近为零时的数值那么大，重要性也不如阴极浓度极化。

浓度极化受电极材料本身影响很小，但与溶液中离子迁移和扩散有关的因素密切相关，这和电化学极化是完全不同的。溶液中离子（或中性基团）的迁移主要依靠三种方式：电迁移、对流和扩散。第一种是带电离子在电场中移动；第二种受溶液本体运动，如：搅拌等程度控制；第三种是最基本的过程，无论被迁移基团是否带电荷，也无论溶液本体是否有运动，扩散过程是始终存在的，它也是研究浓度极化规律的最基本出发点。

和电化学极化另一种重要差别是浓度极化往往存在极限值，对应因扩散极限造成的最大浓度差。习惯上将和此对应的最大电流密度称为极限电流密度，记作 i_L。

除了电化学极化和浓度极化外，历史上一直将因溶液电解质电阻或电极表面反应产物膜电阻造成的反应阻力也归到极化范围，称为电阻极化。以后叙述中可以看到，许多场合中，电阻极化确实和前两种极化处于等同位置，例如：所有极化都可用电阻单位表示其程度。但应当注意它们有本质区别：电阻极化的电阻是欧姆电阻，是和所流经电流无关的常数；而电化学极化和浓度极化的电阻是非欧姆电阻，它们是所流经电流的函数、随电流而改变阻值。另一方面，当引起极化的电流被切断时，电阻极化立即消失，而电化学极化和浓度极化则以可以测量到的速度逐渐衰减。

实际极化往往是上述三种极化的混合，它们通称为混合极化。例如：电化学极化和浓度极化混合，或电阻极化和这些极化的混合等等。

第五节　平衡电极极化和极化公式

平衡电极处于宏观平衡状态，其界面物质交换和电量交换仍在进行，只是正向和逆向反应速度相等，这个速度用电流密度单位表示，称为交换电流密度，记作 i_o。有如下关系：

$$i_o = i_a = i_c$$

式中 i_a 和 i_c 分别表示电极上氧化反应和还原反应的速度(以电流密度为单位)。

所以平衡电极体系不出现宏观物质变化，也没有净反应（电流）产生。孤立的平衡电极既不表现为阳极，也不表现为阴极，或者说，是没有极化、或没有腐蚀的电极。

平衡电极交换电流密度是电极体系的固有特性，反映电极动态平衡时的“动态”程度，不同电极差异极大。例如：光滑Pt电极上析氢时，$i_o = 10A/m^2$，而Pb电极析氢时，$i_o = 2 \times 10^{-9} A/m^2$，两者相差10个数量级。平衡电极的交换电流密度越大，一般其相应过电位值就越小，两者这种关系很容易理解，就好比吞吐容量越大的湖泊，受暴雨等影响产生的水位变化也越小的道理一样。交换电流密度是平衡电极的重要动力学参数。

当有外电流强迫通过平衡电极，其正向和逆向反应速度不再相等，对任何电极反应，外（净）电流始终等于 I_a 和 I_c 的差值。假如规定：

当 $I_a > I_c$ 时，$I_外 = I_a - I_c$，称为阳极极化电流，电极发生阳极极化。

当 $I_c > I_a$ 时，$I_外 = I_c - I_a$，称为阴极极化电流，电极发生阴极极化。

如果，阴、阳极面积相等，也可以用相应电流密度 i 代替上式中的电流 I。此时极化电流（或密度）始终为正值。这个值越大，极化引起的电位偏离也越大。电极电位 E 偏离其平衡电位 E° 的值称为极化过电位，用 η 表示，即：$\eta = E - E^{\circ}$。注意，过电位概念只用于平衡电极极化，对非平衡电极，如以后介绍的腐蚀电极，通称为极化电位。

有时为区别阴、阳极极化，规定 $I_{外}$ 始终等于 $I_a - I_c$，此时阴极极化电流取负值。

过电位是极化电流密度的函数，它们关系称为极化方程（公式）。以下分极化类型介绍平衡电极的极化公式。

一、电化学极化过电位 $\eta_{活}$ 的公式

平衡电极的电化学极化过电位 $\eta_{活}$ 和外电流密度 i 之间遵循塔菲尔方程：

$$\eta_{活} = \pm \beta \ln \left(\frac{i}{i_0}\right) = \pm b \lg \left(\frac{i}{i_0}\right)$$

（本书约定，β 为自然对数前的系数，而 b 为常用对数前的系数）

式中 β——称为自然对数前的塔菲尔斜率，或简称塔菲尔斜率；

b——常用对数前的塔菲尔斜率，显然 $b = \beta/2.3$；

i_0——交换电流密度；

$\pm$——阳极极化时取 +，阴极极化时取 −；

下标 a 和 c 分别代表阳极过程和阴极过程。

塔菲尔方程最初是根据氢过电位实验数据总结得到的经验公式，根据目前电化学腐蚀理论也可理论推导这个公式。β 值通常在 0.05V 至 0.15V 之间，近似估算时可取 0.1V。

二、浓度极化过电位 $\eta_{浓}$ 的公式

浓度极化情况要复杂的多，最简单情况下，假设液相传质中只存在扩散作用（且为稳定扩散），不考虑对流和电迁移作用，并且电极反应产物不溶（生成气泡或沉积相）。例如，阴极

上依赖氧扩散的浓度极化时，可以推导得到以下浓度极化公式：

$$\eta_{浓}=\frac{RT}{nF}\ln\left(1-\frac{i}{i_L}\right)=\frac{2.3RT}{nF}\lg\left(1-\frac{i}{i_L}\right)$$

式中 i_L 为阴极过程的极限扩散电流密度，其他符号同能斯特方程中的含义。

当 i 远小于 i_L 时，对数项内数值接近 1，浓度极化过电位接近为零。只有当 i 接近 i_L，浓度极化才表现明显；外电流 $i=i_L$ 时，浓差极化过电位趋向无穷大，即：电位趋向负无穷大（因为阴极极化时电位向负电位方向偏移）。当然，前面已提过，在电位负到一定程度后，可能已被其他阴极过程取代，所以实际上不会出现负无穷大的电位。

稳态扩散的极限电流密度 i_L 可按下式估计：

$$i_L=\frac{DnF}{\delta t}\cdot c\times10^{-3}\ (\mathrm{A/cm^2})$$

式中 D——被还原离子的扩散系数；

n，F——同能斯特方程中的含义；

δ——电极表面电解质静止层的厚度（不搅拌情况下约为 0.05cm）；

c——扩散离子的浓度，mol/L；

t——溶液中除还原离子外其他所有离子迁移数（大量电解质存在时 $t=1$）。

常温和一般离子扩散的条件下，上式可简化为：$i_L=0.02nc$。

影响浓差极化因素主要有：

（1）降低温度，i_L 变小，腐蚀也减小；

（2）降低反应物浓度，i_L 变小，腐蚀减小；

（3）搅拌溶液会减小扩散层厚度，使 i_L 变大，腐蚀加速。

三、电化学极化和浓度极化的混合极化计算

当同时存在电化学极化和浓度极化，其混合极化过电位计算为两者之和：

$$\eta_{混}=\eta_{活}+\eta_{浓}=\pm\beta\ln\left(\frac{i}{i_0}\right)+\frac{RT}{nF}\ln\left(1-\frac{i}{i_L}\right)$$

四、电阻极化计算

电阻极化过电位是外电流的线性函数。即：$\eta_{阻}=iR$。

综上所述，平衡电极极化的过电位基本公式汇总见表 3.2。

表 3.2 平衡电极极化的基本公式

极化类型	电化学极化	浓度极化	电阻极化	混合极化（活化+浓度）
基本公式	$\eta_{活}=\pm\beta\ln(\frac{i}{i_0})$	$\eta_{浓}=\frac{RT}{nF}\ln(1-\frac{i}{i_L})$	$\eta_{阻}=iR$	$\eta_{混}=\eta_{活}+\eta_{浓}$
主要参数	β，i_0	i_L	R	β，i_0，i_L

第六节　共轭电极极化和极化公式

前面讲过，共轭电极是最简单的非平衡电极，有两个独立电极反应，即：一个阳极反应和一个阴极反应，且它们彼此独立，不是同一反应的正、逆向。例如：浸在酸中铁所构成的电极，表面上形成微阳极和微阴极，分别产生以下电极反应：

微阳极表面的反应：$Fe \rightarrow Fe^{2+}+2e$

微阴极表面的反应：$2H^{2+}+2e \rightarrow H_2$

这两个反应各自单向进行，阳极上不断溶出 Fe^{2+}，阴极上不断产生 H_2。反应物质不可能平衡，所以为非平衡电极。但只要两个反应速度相等，阳极上提供的电子完全被阴极反应消耗，那么电荷照样可以平衡，形成稳定的非平衡电位。这个电位常被称为混合电位，它位于阳极平衡电位和阴极平衡电位之间，此时，阳极已发生阳极极化，阴极已发生阴极极化，而且阳极反应速度（电流）等于阴极反应速度（电流）。图 3.2 示意表示这个过程（注意，图中电流坐标如用电流密度，只适用于阴、阳极面积相等条件。一般条件下应该用电流代替电流密度作横坐标）。

阳极发生的反应是氧化反应，但并非所有氧化反应都涉及金属腐蚀。腐蚀研究中，对阳极为金属溶解（腐蚀）过程的电极称为腐蚀电极，最简单的腐蚀电极就是共轭的腐蚀电极，如图 3.2 给出的例子那样。腐蚀电极达到的稳定非平衡电位（即：混合电位）又称为自然腐蚀电位或自腐电位，记作 E_{corr}，相应的电流或电流密度称为腐蚀电流或腐蚀电流密度。在绪论的腐蚀定量表示中已经知道，电流密度可代表单位时间、单位面积上材料的腐蚀速度。而腐蚀电流代表单位时间材料的腐蚀量，换算为腐蚀速度时还需要考虑阳极的面积。自腐电位和腐蚀电流密度对研究金属在该环境的腐蚀行为具有十分重要意义。

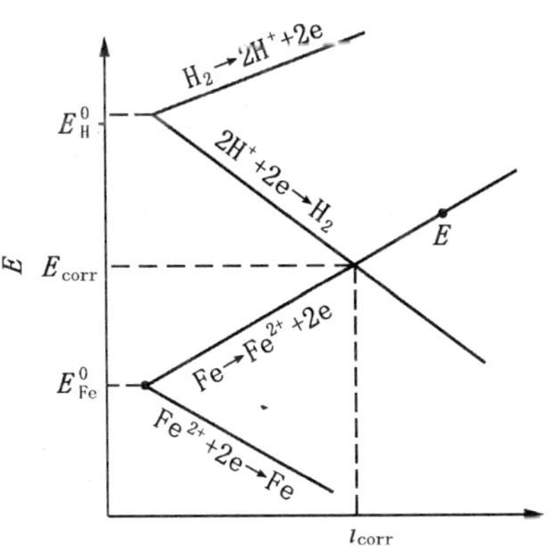

图 3.2 共轭电极的极化过程示意图

在腐蚀电位时，尽管存在着微电极的阴、阳极电流，但无宏观电流（即：外部电流等于零）。如果强制性使外电流流过上述电极，腐蚀电极的电位会偏离自腐电位 E_{corr}，发生极化。当外电流由电极界面流向溶液时，发生阳极极化，电位沿 $Fe \rightarrow Fe^{2+} + 2e$ 反应线向正方向变化，此时铁溶解速度大于析氢速度；反之，外电流由溶液流向电极界面时，发生阴极极化，电位沿 $2H^+ + 2e \rightarrow H_2$ 反应线向负方向变化，析氢速度大于铁溶解速度（图 3.2）。

从图 3.2 可见，共轭电极混合电位（对腐蚀研究，腐蚀电极自腐电位）与平衡电极平衡电位在图中位置有某些相似处，以下讨论得知，它们的极化公式形式也十分类似。

下面以电化学极化为例，推导共轭电极的极化公式。假设

图 3.2 中，外电流迫使腐蚀电极发生阳极极化，电位从 E_{corr} 移动到某个 E 值。相对铁的平衡电位而言，E 和 E_{corr} 都可看做是该平衡电极阳极极化的两个状态，应用平衡电极过电位公式，可得到以下关系式：

任意电位 E 时（E、i）： $\eta_{活} = E - E^0 = \beta_a \ln\left(\frac{i}{i_0}\right)$

或改写为：

$$i = i_0 \times e^{\frac{E-E^0}{\beta_a}}$$

腐蚀电位时（E_{corr}，i_{corr}）：

$$i_{corr} = i_0 \times e^{\frac{E_{corr}-E^0}{\beta_a}}$$

两式相除：

$$\frac{i}{i_{corr}} = e^{\left[\frac{E-E^0}{\beta_a} - \frac{E_{corr}-E^0}{\beta_a}\right]} = e^{\left(\frac{E-E_{corr}}{\beta_a}\right)}$$

即：

$$i = i_{corr} \times e^{\left(\frac{E-E_{corr}}{\beta_a}\right)} \qquad 或\ \Delta E = E - E_{corr} = \beta_a \ln\left(\frac{i}{i_{corr}}\right)$$

将它和平衡电极极化公式比较，形式完全一致，只是用极化电位（ΔE）代替过电位 η；用腐蚀电流密度 i_{corr} 代替交换电流密度 i_0；用自腐电位 E_{corr} 代替平衡电位 E^0。

可以证明，平衡电极阴极活化极化、浓度极化公式也可通过类似变换规则来得到共轭电极极化公式。表 3.3 列出共轭电极极化的基本公式，读者可将它和表 3.2 对照记忆。

表 3.3　共轭电极的极化公式

极化种类	基本公式	基本参数
活化极化	$\Delta E_{活} = E - E_{corr} = \pm\beta\ln\left(\frac{i}{i_{corr}}\right) = \pm b \times \log\left(\frac{i}{i_{corr}}\right)$	β，E_{corr}，i_{corr}
浓度极化：（氧扩散）	$\Delta E_{浓} = \frac{RT}{nF}\ln\left(1 - \frac{i}{i_L}\right) = \frac{2.3RT}{nF}\log\left(1 - \frac{i}{i_L}\right)$	i_L

续表

极化种类	基 本 公 式	基 本 参 数
活化+浓度	$\Delta E_{混} = \Delta E_{活} + \Delta E_{浓}$	β，E_{corr}、i_{corr}，i_L
电阻极化	$\Delta E_{阻} = iR$	R

以下给出有关电极极化计算的两个实例，帮助读者理解和复习上述知识。

[例 3.1] 在 pH = 10 电解质中有氧气析出的铂电极，其电位相对饱和甘汞电极为 1.30V，计算该铂电极析氧反应过电位（已知：$O_2 + 4H^+ + 4e \rightarrow 2H_2O$，$E^0 = 1.229V$）。

解：先电位换算：

$$1.30V\ (SCE) = 1.30 + 0.2416 = 1.542V\ (SHE)$$

（饱和甘汞电位 = 0.2416V）

再计算氧电极在 pH = 10 的平衡电位：

$$E = E^0 + 2.3RT/4F \times \log\ (a_H^4)$$

$$= 1.229 + 0.0592 \times \log\ (10^{-10}) = 0.637V$$

（注意：析氧时，氧气逸度 = 1atm）

所以：析氧反应过电位 = 1.542 − 0.637 = 0.905V

答：铂电极析氧反应的过电位为 0.905V。

[例 3.2] 锌汞齐可以看做短路了的锌电极和汞电极，它们彼此分开，又十分靠近。假设每种电极总暴露面积都为 $10cm^2$，计算浸在 pH 值为 3.5、不含空气的盐酸溶液中时，锌的腐蚀速度［已知：锌腐蚀电位 = −1.03V（1N 甘汞）；氢气在汞表面：$i_0 = 7 \times 10^{-9} A/m^2$；$b_C = 0.12$］

解：先电位换算：

$$锌腐蚀电位 = -1.03V\ (1N 甘汞) = -1.03 + 0.2801$$

$$= -0.750V\ (SHE)$$

计算 pH 值为 3.5 的氢电极的平衡电位 = −0.0592pH = −0.207V（SHE）

计算锌汞齐表面析氢过电位（阳极极化引起电位变化相比很小，可不考虑），即：

$$氢过电位\ \eta = 0.750 - 0.207 = 0.543V$$

根据汞表面析氢的活化极化公式：

$$(\eta/b_C) = \lg(i/i_0) = 0.543/0.12 = 4.525$$

$i = i_0 \times 10^{4.525} = 7 \times 10^{-9} \times 3.35 \times 10^4 = 2.34 \times 10^{-4} A/m^2$

锌腐蚀速度 $= 2.34 \times 10^{-4} A/m^2$

如按锌密度为 $7.13 g/cm^3$ 可换算为锌腐蚀速度为 0.0067gmd 或 3.43×10^{-4}mm/a。

答：锌的腐蚀速度为 $2.34 \times 10^{-4} A/m^2$，或 3.43×10^{-4} mm/a。

［例 3.3］ 在 pH = 1.0、不含空气的硫酸溶液中，以 $0.01 A/cm^2$ 电流密度对金属铂进行阴极极化时，电位为：$-0.334V$（SCE）；以 $0.1 A/cm^2$ 电流密度进行阴极极化时，电位为：$-0.364V$（SCE）。计算该溶液中铂电极析氢反应的电化学参数。

解：先电位换算（注意：饱和甘汞电位 = 0.2416V，换算为标准氢标电位）：

$i_1 = 0.01 A/cm^2$，$E_1 = -0.334V\ (SCE) = -0.334 + 0.2416 = -0.0924V\ (SHE)$

$i_2 = 0.1 A/cm^2$，$E_2 = -0.364V\ (SCE) = -0.364 + 0.2416 = -0.1224V\ (SHE)$

再计算 pH = 1.0 时的氢平衡电位 $E_H^0 = -0.0592pH = -0.0592V\ (SHE)$

根据活化极化公式：$E_H - E_H^0 = -b_C \times \lg(i_{corr}/i_0)$，得到以下两个联立方程：

$$0.0924 - 0.0592 = 0.0332 = -b_C \times \log(0.01/i_0) \qquad (1)$$

$$0.1224 - 0.0592 = 0.0632 = -b_C \times \log(0.1/i_0) \qquad (2)$$

式（1）至式（2）：$0.03 = -b_C \times \log[(0.01/i_0) \times (i_0/0.1)]$

$$b_C = 0.03\text{V}$$

代入式（1）：$\log(0.01/i_0) = 0.0332/0.03 = 1.107$，$i_0 = 7.8 \times 10^{-4}\ \text{A/cm}^2$

答：该反应电化学参数：$i_0 = 7.8 \times 10^{-4}\ \text{A/cm}^2$，$b_C = 0.03\text{V}$。

第七节　复杂电极体系的极化

复杂电极体系至少存在两个以上阳极反应或两个以上阴极反应，总反应数至少为三个或三个以上，它们统称为多电极体系或复杂电极体系。这些体系中存在以下基本关系式：

总阳极电流　$I_a = \sum_i I_{ai}$，　总阴极电流　$I_c = \sum_j I_{cj}$

外电流等于：$I = \sum_i I_{ai} - \sum_j I_{cj}$　　（阳极极化）

或 $I = \sum_j I_{cj} - \sum_i I_{ai}$　　（阴极极化）

即：电极体系外电流等于所有阳极分电流之和与所有阴极分电流之和的差值。

每个电极反应的极化均可按平衡电极计算，多电极反应的极化相当多个超越方程相加，其解析计算十分复杂，可能需要大型计算机或专用程序的帮助。本书推荐用图解法近似估算。例如，用图解法估算某种比氢活泼的金属 M 在含有氧化剂 Fe^{3+} 和酸溶液中的腐蚀速度。

该体系中含有一个阳极反应，即：金属 M 生成离子（溶解）过程，但可能含两个阴极反应，分别为析氢过程和氧化剂还原过程。其反应方程式如下：

阳极反应：　　　$M \rightarrow M^{n+} + ne$

阴极反应之一：　$2H^+ + 2e \rightarrow H_2$

阴极反应之二：　$Fe^{3+} + e \rightarrow Fe^{2+}$

整个电极含有三个独立电极反应，属于复杂电极体系。假设以上所有反应过程的平衡电极参数都已经知道，或者说，我们已经知道每个反应的平衡电位、交换电流密度以及相应的极化公式，那么就可类似图 3.2，画出这三个平衡电极的极化过程图（图 3.3）。

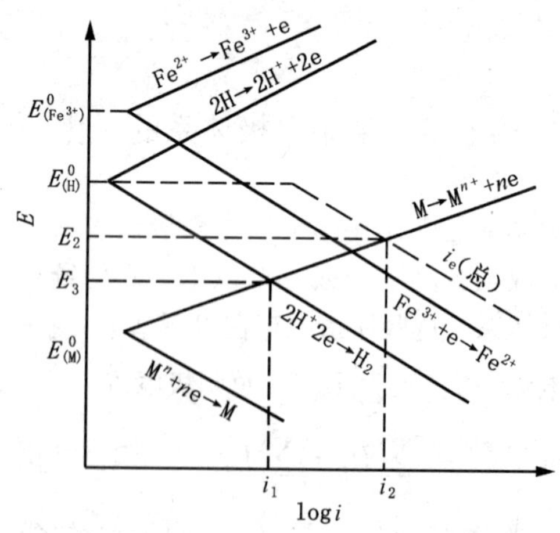

图 3.3　复杂电极体系的图解法实例图

由于阳极过程只有一个，所以 $I_{a(总)}=I_{a(M)}$；阴极过程有两个：$I_{c(总)}=I_{c(H)}+I_{c(Fe)}$。平衡时，总阳极电流等于总阴极电流，所以，首先逐点将两个阴极反应电流相加，得到总阴极电流线（图中标为 $I_{c(总)}$），腐蚀电位相当于总阴极电流线和总阳极电流线的交点，该点对应电流，换算成电流密度后代表金属 M 在该溶液中腐蚀速度。从图中看到，由于氧化剂存在，使 M 腐蚀电流由原来的 I_1 提高到 I_2；相应腐蚀电位也从酸中 E_3 的正移到 E_2。

第八节　极化图及其应用

极化现象和腐蚀速度之间存在密切关系，可从以下两个角度来分析：

从极化量（单位为 V）看，材料发生阳极极化时，外电流

（极化电流）越大，阳极电位正移幅度也越大（非钝化条件下），此时，局部阳极电流和局部阴极电流的差值也越大。如果阳极反应代表金属溶解过程的话，金属腐蚀速度不断加快。反过来，阴极极化量越大，阴极反应被加速，而阳极反应被压制，金属腐蚀速度会不断减小（阴极保护）。

但从极化率（单位为 Ω = V/A）看，电极极化相当于反应或电流流动的阻力，所以无论阳极极化还是阴极极化，极化率增大总是使体系整体反应速度降低，当然也包括金属阳极溶解速度。这些规律用极化图形式表现非常直观。

极化图又称伊文思图，是英国科学家 Evans 在 20 世纪 20 年代首先提出，目前常被作为腐蚀科学创建的标志性成果。在电位—电流（或电流密度）坐标中，用一些简单线段（如：直线）表示极化过程的电位—电流关系，并将同一体系的阴、阳极极化过程画在一起（不考虑阴、阳电流的正负问题），这种简化了的阴、阳极极化图形俗称极化图。

本书介绍极化现象时曾举铜和锌连接的例子，未连接前，铜和锌的电位分别为 E_{Cu} 和 E_{Zn}，称为开路电位。连接后有电流从铜极通过导线流向锌极（相当于电子在导线的反向流动），如果从溶液看，电流（由离子携带）从锌电极界面流向铜电极界面。这种电流使锌电极发生阳极极化，电位正移；铜电极发生阴极极化，电位负移，即：均向对立电极电位方向移动。随电流增大，极化量增加，两个电极间的电位差不断减小。如果不考虑电位随电流变化的细节，用直线表示，且不考虑电流正负，得到的极化图如图 3.4 所示。

极化图纵坐标为电位（注意电位坐标方向，本书取正值向上；但也有不少书取负值向上，此时坐标轴应表明为 $-E$）；极化图横坐标可采用电流或电流密度两种单位，电流坐标有较广泛代表性，例如，局部腐蚀的阳、阴极区域面积不同时，达到电位平衡后，其电流密度不相等，但电流相等。所以，用电流坐标时，阴、阳极极化曲线交点代表腐蚀电流（除以相应阳极

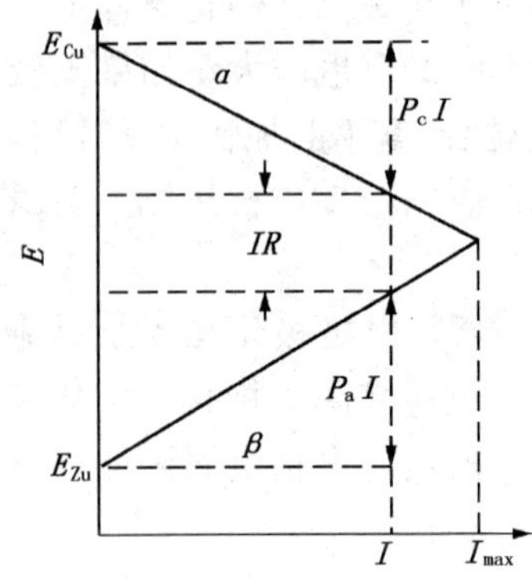

图 3.4　铜和锌连接过程的极化图

面积后得到的电流密度可直接反映腐蚀速度）；但用电流密度作坐标时，极化曲线交点毫无意义。只有阳、阴极区域面积相同时，用电流密度或用电流作横坐标是等同的。

极化图一目了然地显示了通过电极的电流和阴、阳极电位的变化关系，它们在腐蚀研究中十分有用，常用于定性或半定量解释腐蚀现象，因为极化图往往忽略极化过程许多细节。

一、分析影响腐蚀速度的因素

极化图提供了分析体系腐蚀速度的工具。以图 3－4 为例，分别标出阴、阳极极化线的斜率（极化率）P_c 和 P_a：

$$P_c = \tan\alpha, \qquad P_a = \tan\beta$$

如果体系达到稳定时，电流为 I，两电极间电位差可用下式表示：

$$\Delta E = (E_c - E_a) = P_c \cdot I + P_a \cdot I + R \cdot I$$

由此得到腐蚀电流 I 的计算公式：

$$I = \frac{E_c - E_a}{P_a + P_c + R}$$

这个公式对实际计算腐蚀速度用处不大（主要是不够准确），但它提供了许多与体系腐蚀有关的重要信息：

（1）实际腐蚀速度由热力学和动力学因素共同决定。公式的分子代表电极电位差，属于热力学因素，分母为各种极化率参数，属动力学因素。所以实际腐蚀速度除和腐蚀倾向有关外，还由各种极化率因素决定。由此可理解前面介绍腐蚀倾向和腐蚀速度之间关系的三句话：

无腐蚀倾向，也无腐蚀速度（分子为零，整个数值也为零）；

小的腐蚀倾向，一般不出现大的腐蚀速度（分母极化率代表的是电流流动阻力）；

大的腐蚀倾向，不等于一定存在大的腐蚀速度（如果分母也很大，整个值也可能不大）。

（2）作为电流流动阻力，阴、阳极极化和欧姆电阻处于等同位置。所以可以将电化学极化、浓度极化和电阻极化同等看待，引入极化电阻概念，用欧姆为单位表示。但前面提过，前两种极化电阻是非欧姆电阻，即非线性电阻，其阻值随流过电流而变化。

二、分析腐蚀体系的控制因素

根据极化图可以得知，体系腐蚀过程的驱动力是阴、阳极电位差，这个驱动力用来克服三种阻力，分别是 R，P_a 和 P_c。所以可以计算每种阻力因素的控制程度：

电阻控制程度：$S_R(\%)=100\times R/(R+P_a+P_c)$

阴极控制程度：$S_c(\%)=100\times P_c/(R+P_a+P_c)$

阳极控制程度：$S_a(\%)=100\times P_a/(R+P_a+P_c)$

腐蚀控制因素还可用电位关系确定，即用阴、阳极极化产生的电位偏移量占腐蚀体系阴、阳极开路电位的差值（E_c-E_a）来计算。假如忽略电阻极化影响，那么体系自腐电位反映了它们极化类型和程度：

阴极控制程度：$S_c(\%)=100\times(E_c-E_{corr})/(E_c-E_a)$

阳极控制程度：$S_a(\%)=100\times(E_{corr}-E_a)/(E_c-E_a)$

式中 E_c 和 E_a 分别代表体系的阴、阳极开路电位。

不同控制类型的极化图形如图 3.5 所示。

例如：钢铁在土壤中腐蚀主要受阴极氧扩散控制、汞齐化金属在酸中腐蚀因很高的氢过电位，它们都属于阴极控制的腐蚀体系；不锈钢、金属铝等在天然水中腐蚀受表面氧化膜控制（阳极钝化）为阳极控制的腐蚀体系；铅在硫酸中腐蚀、耐候钢在潮湿大气中腐蚀程度因材料表面形成高电阻腐蚀产物而减弱，

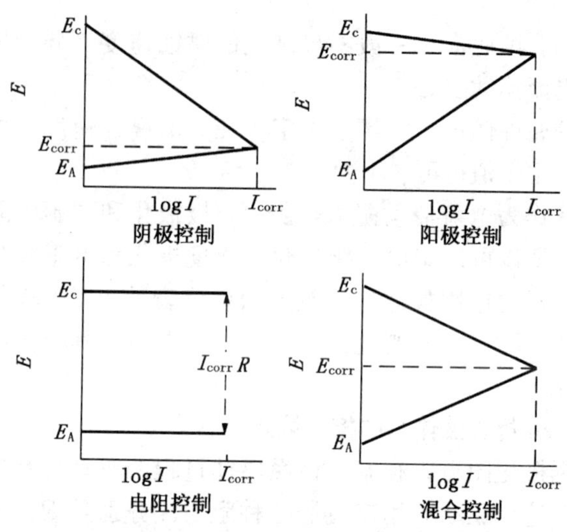

图 3.5　各种极化控制的图例

(a) 阴极控制；(b) 阳极控制；(c) 电阻控制；(d) 混合控制

可看做电阻极化控制体系。

通过极化图确定体系腐蚀控制类型对了解腐蚀发生机理、制定防腐蚀措施有重要作用。

三、预测体系的腐蚀行为

例如：管道工程中发现过如下现象：16Mn 钢制成的埋地管道穿孔后，如果采用 A3 钢修补，尽管这两种钢耐蚀性相同（在土壤中腐蚀速度相同），但新的 A3 钢补口总是比原 16Mn 钢管更快遭受腐蚀。这个现象曾引起基层技术人员的困惑，其实用极化图可定性地解释其原因。图 3.6 给出此过程极化图。钢在土壤中腐蚀一般都受阴极氧扩散控制，所以图中按浓度极化方程绘出阴极化过程，其下部垂直线代表能够扩散到达金属表面的氧扩散极限电流 I_L。假设 16Mn 钢和 A3 钢都以铁的平衡电位为起点，但 16Mn 钢的阳极极化率稍高于 A3 钢，分别用两条斜率不同直线表示其阳极极化过程，它们和阴极极化线交点分别表示它们单独埋在土壤时的自腐蚀电位和腐蚀电流。由图可见，这两种钢的腐蚀速度相同（都等于 I_L），但 16Mn 钢自腐蚀电位要比 A3 钢更正一些。作为修补后补口，两种钢连接，电位较正的 16Mn 钢成为阴极，电位较负的 A3 钢成为阳极。偶接后产生电流，发生极化，A3 钢阳极电位变正，16Mn 钢电位变负，得到的混合电位处于两种钢的自腐蚀电位之间。在这个电位下，A3 钢腐蚀加速（由 I_L 增加到 I_1），16Mn 钢腐蚀减缓（由 I_L 减小到 I_2）。另一个“火上加油”的因素是，补口 A3 钢面积相对整个管道（16Mn 钢）很小，所以换算为相应电流密度时二者差异更大。由此，A3 钢补口将很快遭受腐蚀破坏是顺理成章的事。

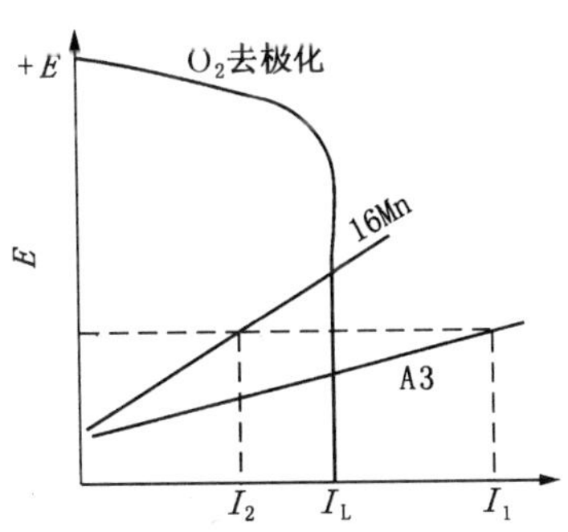

图 3.6 解释埋地钢管道补口后腐蚀行为的极化图

第九节 极化曲线和实际测量

极化图中电流是局部阳极电流或局部阴极电流，除了电偶腐蚀外，一般情况很难区分电极表面局部的阴、阳极位置，更难分别测量其局部的阴、阳极电流。潮湿大气中钢板表面局部阴、阳极位置不断随时间改变，最终得到的腐蚀区在表面分布均匀，它们的局部阴、阳极电流也在钢板表面自生自灭，转化为热量，实际无法利用。实验中能够测到的是宏观电流或净电流（即：阳、阴极电流的代数和），腐蚀研究中常称为外电流。以电位和外电流作图得到极化曲线称为实际极化曲线（以下简称极化曲线），以区别于以局部电流为坐标的极化曲线（有些书称为理论极化曲线）。两者关系见图 3.7，图中实线代表实际极化曲线，虚线代表理论极化曲线。实线上点的电流应该等于同

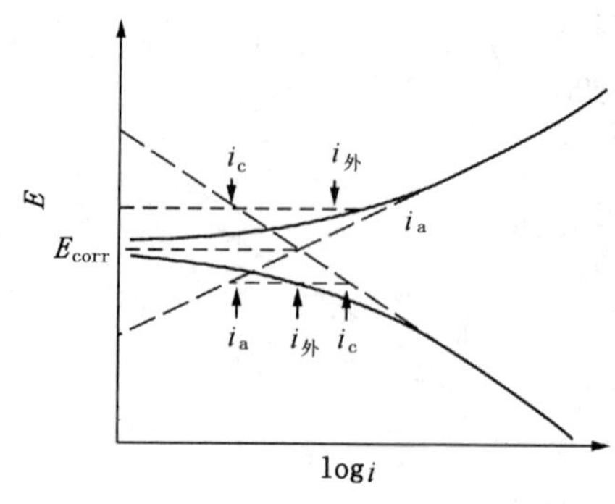

图 3.7　理论极化曲线和实际极化曲线关系

电位下，两条虚线上点的电流直之差（不考虑正负）。例如，实际阴极极化曲线上 $i_{外}$ 在数值上等于局部阴极电流密度 i_c 和局部阳极电流密度 i_a 的差（注意：横坐标为对数轴，所以并不等于几何线段差值）。实际阳极极化曲线也是如此，只不过用局部阳极电流密度减局部阴极电流密度。极化不断加大后，两种局部电流密度差值也不断加大，往往只需要考虑一种局部电流（另一种可忽略），此时实际曲线和理论曲线几乎重合，成为同一线。

这两种极化曲线可以互相置换，利用上述方法可从理论极化曲线得到实际极化曲线，反过来，根据偏离自腐电位较远区域的实际极化曲线，也可推算理论极化曲线。例如，对于电化学极化体系，其电位变化和极化电流的对数成正比，所以实际极化曲线在偏离自腐电位较远区域时成为直线，该直线向小电流方向外推，就可以得到自腐电位附近局部阳极和局部阴极的理论极化曲线。这种换算有很大实际意义，因为它为用实验测出体系极化曲线研究其腐蚀微观机理提供了依据，是目前腐蚀研究中最重要的手段之一。

极化曲线测量常采用特制容器（极化池），一般采用三电极体系，即：研究电极（工作电极）、参比电极和辅助电极（一般采用惰性铂电极）。有时需要控制气体环境（除气或充气）。

极化曲线是极化电位和外电流之间函数图形。根据自变量的选择，有两类极化曲线：一类称为恒电位极化曲线，另一类为恒电流极化曲线。前者是先设定某个给定电位，然后再测定相应电流值；后者则先设定给定电流，再测定相应电位。许多情况下两者测量结果基本一致，但有些情况（如以后介绍的钝化现象），电流可能是电位的多值函数，此时只有用恒电位法才能测到完整的极化曲线。

根据测量平衡时间可分为：稳态测量、准稳态测量和暂态测量。稳态测量的极化曲线中每个电位和电流都是稳定值，不随时间而变化（如：5min 内电位变化不超过 1～3mV），稳态极化曲线测量十分费时，有时测量一条曲线需要一整天。所以实际也常用准稳态测量方法，即每次测量都等待一个固定时间（如 5～10min），并将这样测到的曲线近似看做稳态极化曲线。暂态测量则采用快速扫描方法，得到极化曲线包含时间变量，不同时间检测到的结果都不一样，解释和分析都较困难。本书研究只限于稳态、准稳态极化曲线。

极化曲线测量中经常使用恒电位仪这类专门电子仪器。从功能上看，这类仪器主要有两大部分：整流供电回路和电位反馈、控制、测量回路。前者提供一个低压、直流供电系统，为电极极化提供可变化的直流电源；后者用来测量电极的极化电位，并根据预设电位值，利用反馈、控制电路，使得电极极化电位维持在恒定值。恒电位仪的详细结构和性能可参考腐蚀测量的专门书籍。

实验测绘极化曲线是揭示材料腐蚀机理和探讨控制腐蚀途径的重要信息来源。

第十节　极化曲线方程和应用

前面已介绍局部阳极、阴极的极化公式，本节推导实际极化曲线方程，即：极化电位 ΔE 和外电流 I 的函数关系。

一、阴、阳极均为活化极化的腐蚀体系

假设体系腐蚀电流 I_{corr} 出现在阴、阳极塔菲尔线性区内，并假设浓度极化和电阻极化可忽略不计。外电流作用下，从自腐电位 E_{corr} 开始极化时，其阴、阳极电流分别为：

$$I_c = I_{corr} \cdot e^{\frac{-\Delta E}{\beta_c}}, \qquad I_a = I_{corr} \cdot e^{\frac{\Delta E}{\beta_a}}$$

式中　$\Delta E = E - E_{corr}$；

I_{corr}——自腐电位下的腐蚀电流；

β_a，β_c——阳极和阴极极化过程的塔菲尔斜率。

根据外电流公式 $I = I_a - I_c$（阳极极化电流为正，阴极极化电流为负），可得以下公式：

$$I = I_{corr}\left(e^{\frac{-\Delta E}{\beta_a}} - e^{\frac{-\Delta E}{\beta_c}}\right)$$

上述公式称为 Stern－Geary 方程，以纪念这两位为腐蚀科学做出贡献的科学家。注意：Stern－Geary 方程只能用于阴、阳极均为活化极化的腐蚀体系，而且只能描述该体系稳态极化曲线，或近似用于准稳态极化曲线的分析，对实际测量的暂态极化曲线是无效的。

二、阳极活化、阴极活化和浓差混合极化的腐蚀体系

活泼金属在埋地环境腐蚀大多属于此类体系。

体系阳极过程仍同上分析：

$$I_a = I_{corr} \cdot e^{\frac{\Delta E}{\beta_a}}$$

阴极过程是一种混合极化：在很小阴极电流下，表现为活化控制、很大电流下接近浓度控制，阴极电流不可能超过极限扩散电流密度规定值：$I_L = i_L \cdot A_c$（式中，A_c 为阴极面积）。某一阴极电流产生的阴极极化电位等于这两种极化之和：$\Delta E_{混} = \Delta E_{活} + \Delta E_{浓}$（图 3.8）。

以相应的活化和浓差极化公式代入处理，可以得到阴极电流的计算式：

$$I_c = \frac{I_{corr} \cdot e^{\frac{-\Delta E}{\beta_c}}}{\left[1 - \left(\frac{I_{corr}}{I_L}\right) \cdot \left(1 - e^{\frac{-\Delta E}{\beta_c}}\right)\right]}$$

同样，其极化曲线方程应为：

$$I = I_a - I_c = I_{corr} \cdot e^{\frac{\Delta E}{\beta_a}} - \frac{I_{corr} \cdot e^{\frac{-\Delta E}{\beta_c}}}{\left[1 - \left(\frac{I_{corr}}{I_L}\right) \cdot \left(1 - e^{\frac{-\Delta E}{\beta_c}}\right)\right]}$$

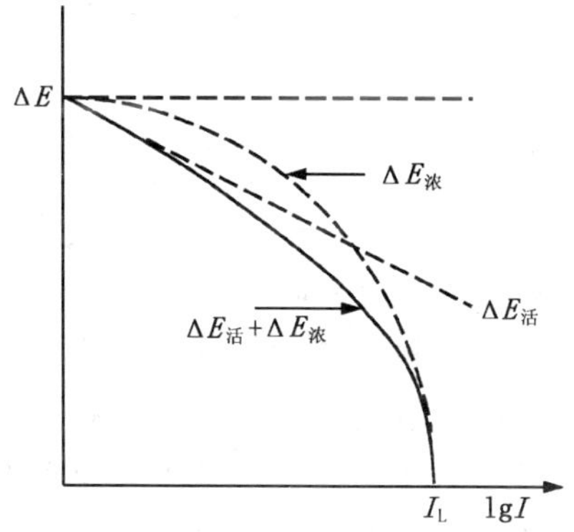

图 3.8　阴极活化和浓差混合
极化的极化曲线

更多的腐蚀体系类型将在下章介绍钝化曲线后再讨论，其极化曲线方程更复杂。

稳态极化曲线方程提供了根据实测极化数据计算材料腐蚀速度的理论基础。但是，即使最简单的活化极化体系，其动力学方程也属于超越方程，一般数学方法无法求解。所以计算腐蚀速度必须采用特殊方法，而且主要针对活化腐蚀体系。以下介绍其中主要方法。

1. 线性极化法

利用 ΔE 绝对值小于 10mV 的极化数据，阴、阳极均为活化的腐蚀体系，按：$e^x = 1 + x + \frac{x^2}{2!} + \cdots$ 级数展开对 Stern－Geary 方程进行简化（ΔE 看做 x，很小时可忽略其二次以上展开项）。得到以下近似公式：

$$I = I_{corr}\ (1 + \frac{\Delta E}{\beta_a} - 1 + \frac{\Delta E}{\beta_c})\ = I_{corr}\ (\frac{\Delta E}{\beta_a} + \frac{\Delta E}{\beta_c})$$

整理得到：　$I_{corr} = (\frac{I}{\Delta E}) \cdot (\frac{\beta_a \cdot \beta_c}{\beta_a + \beta_c})$

式中第一项为线性极化电阻的倒数，记作 $1/R_p$，后一项称

为 B 值，即：

$$I_{corr}=\frac{B}{R_p}$$

对确定腐蚀体系，B 值为常数，所以，腐蚀电流和线性极化电阻倒数成正比。这个方法经常用作腐蚀快速测量仪器的原理，例如：快速评价缓蚀剂和筛选耐腐蚀材料等。本方法快速、对体系扰动少，但对测量仪器及精度要求高。不适合高阻抗介质的腐蚀体系和非活化极化的腐蚀体系。有人估计该方法计算腐蚀速度的误差约为40%～200%，其中 B 值确定是影响精度的重要因素。最粗略做法是查表或套用已知体系 B 值。如果采用失重试片校正计算 B 值，可提高精度。目前极化曲线测量的国外标准推荐用实测极化曲线，求得 β_a 和 β_c 数值，再按上述 B 的定义计算的方法。

2. 强极化法

又称塔菲尔外推法，利用 ΔE 绝对值大于120mV的极化数据，根据Stern－Geary方程指数项一正一负，相当两个互为倒数项的特点，不管 ΔE 正负如何，当 ΔE 足够大时这两项总有一项（负指数项）可忽略。此时方程简化为：

$\Delta E>0$（阳极极化）：

$$I=I_{corr}\cdot e^{\frac{\Delta E}{\beta_a}}$$

或 $\Delta E<0$（阴极极化）：

$$I=I_{corr}\cdot e^{\frac{-\Delta E}{\beta_c}}$$

或写成通式：

$$\Delta E=\pm\beta\ln\left(\frac{I}{I_{corr}}\right)=\pm b\lg\left(\frac{I}{I_{corr}}\right)$$

式中阳极极化取＋，阴极为－。

在电流为对数坐标的半对数坐标纸上，该曲线呈直线形状。

从实测极化曲线上线性部分外推到自腐电位，即：$\Delta E=0$，得到 $I=I_{corr}$。

应用时，既可从阳极极化曲线线性部分外推，也可从阴极极化曲线线性部分外推。两者结果应该一样（交于同一点）。由于阳极曲线受干扰可能性大，一般用阴极曲线外推。如果阴、阳极极化中只有一种属于活化极化，那么只能从该部分曲线外推。本方法虽简单，但对体系扰动大，可能会导致失真，即测量时电极表面状态已和其自然腐蚀状态有较大差异。

还需注意，本方法只适用活化极化体系，而且极化曲线应绘在半对数坐标纸上。

3. 弱极化法

取 ΔE 值绝对值在 20～70mV 间的极化数据。

此法既避免线性测量时对仪器的高要求，又避免强极化对体系干扰，是目前公认的计算腐蚀速度的较好方法。但是，由于此时的极化曲线方程一般无法再简化，以活化极化体系的极化曲线方程为例，除了极化电位、极化电流作为自变量、应变量可由实验测量外，方程中还包含三个未知参数：i_{corr}，β_a 和 β_c。所以，理论上至少需要三组或更多数据才有可能求解，而且，对于这些联立的超越方程组，如无特殊技巧，解析计算十分困难。历史上曾出现许多奇思妙想，求解弱极化区的极化方程，表 3.4 列出了其中部分方法。注意，表中出现二点法只适用特定情况，如：阴极氧扩散控制，β_c 趋于负无穷大，作为已知条件，极化方程只剩下两个未知参数，可用两组极化数据计算。否则至少得三组数据。数据点选择对简化解题过程十分重要，例如：三点法可选：ΔE，$-\Delta E$，$2\Delta E$ 或 ΔE，$-\Delta E$，$-2\Delta E$等；四点法可选：ΔE，$-\Delta E$，$2\Delta E$，$-2\Delta E$ 等。随着计算机技术迅速发展，任意选点，并采用计算机拟合技术求解腐蚀极化曲线（超越方程，）已成为腐蚀研究的活跃领域，近几年的国际腐蚀会议上还有论文专门介绍这类处理极化方程的计算技巧和程序。

表 3.4 弱极化法计算体系腐蚀速度的部分方法汇总

方法名称	年份	提出者	适用对象	测量点	计算公式
Engell 二点法	1958	Engell	局部阴极反应受扩散控制	体系正、反极化在 $\pm\Delta E$ 各测 1 点	$i_{corr}=I_a\times I_c/(I_aI_c)$ $b_a=\Delta E/\log(I_a/I_c)$
改进二点法			活化控制体系，已知 b_a	体系正、反极化在 $\pm\Delta E$ 各测 1 点	$1/i_{corr}=(1/I_a)\exp(2.3\Delta E/b_a)-(1/I_c)\exp(-2.3\Delta E/b_a)$ $1/b_c=(1/\Delta E)\log(I_c/I_a)+(1/b_a)$
截距法	1976	杨璋	局部阴极反应受扩散控制	体系正、反极化选数对 $\pm\Delta E$ 测点	$1/i_{corr}=(1/I_c)-(1/I_a)$ 以 $(1/I_c)$ 对 $(1/I_a)$ 作图，其直线在 I_c 轴的截距为 $(1/i_{corr})$
回归二点法			局部阴极反应受扩散控制	体系正、反极化选数对 $\pm\Delta E$ 测点	$1/i_{corr}=(1/I_a)-(1/I_c)$ 令 $(1/I_a)=x_i$ $(1/I_c)=y$，最小二乘法拟合，解出截距 $(1/i_{corr})$
三点法	1970	Barnartt	阴、阳极反应均为活化控制	测定 ΔE，$+2\Delta E$，$-2\Delta E$ 三点极化值	$i_{corr}=i_{\Delta E}/\sqrt{r_2^2-4\sqrt{r_1}}$ 式中 $r_1=i_{(+2\Delta E)}/i_{(-2\Delta E)}$ $r_2=i_{(+2\Delta E)}/i_{(\Delta E)}$

续表

方法名称	年份	提出者	适用对象	测量点	计算公式
三点法	同上	同上	局部阴极反应受扩散控制	测定 ΔE，$-\Delta E$，$-2\Delta E$ 三点极化值	$i_{corr}=i_{(-\Delta E)}/\sqrt{r_4^2-4\sqrt{r_3}}$ $r_3=i_{(-\Delta E)}/[i_{(-2\Delta E)}-i_{(-\Delta E)}]$ $r_4=[i_{(\Delta E)}+i_{(-\Delta E)}]/i_{(-\Delta E)}$
回归三点法			阴、阳极反应均为活化控制	测定多组 ΔE、$2\Delta E$，$-2\Delta E$ 的极化数据	令 $y=\sqrt{r_4^2-4\sqrt{r_1}}$；$x=i_{(\Delta E)}\cdots$ 用最小二乘法拟合数据，求得腐蚀电流及相应塔菲尔常数
其他三点法			(1) 测定：ΔE，$-\Delta E$，$2\Delta E$ 三点； (2) 测定：ΔE，$-\Delta E$，$-2\Delta E$ 三点； (3) 测定：ΔE，$2\Delta E$，$3\Delta E$ 三点； (4) 测定：弱极化区内任意三点		计算公式从略 计算公式从略 计算公式从略 用计算机拟合求解
四点法	1978 1981	杨璋 Jonkowski	阴、阳板反应均为活化控制	测定 ΔE，$2\Delta E$，$-\Delta E$，$-2\Delta E$ 四点	$i_{corr}=i_{(\Delta E)}\cdot i_{(-\Delta E)}/$ $\sqrt{i_{(2\Delta E)}\cdot i_{(-2\Delta E)}-4i_{(\Delta E)}\cdot i_{(-\Delta E)}}$ 需满足下述条件： $i_{(\Delta E)}/i_{(-\Delta E)}=\sqrt{i_{(2\Delta E)}/i_{(-2\Delta E)}}$

续表

方法名称	年份	提出者	适用对象	测量点	计算公式
计算机解析（迭代法）	1973	Mansfeld	阴、阳极反应均为活化控制	不作具体规定进行多组测定	将腐蚀速度方程中参数线性化（级数展开），按最小二乘技术编程，迭代求解 R_p，b_a，b_c 和 i_{corr} 等数值
计算机解析（高斯－牛顿法）		曹楚南	阴极反应为活化及浓差混合控制	不作具体规定进行多组测定	设定各参数初值，作泰勒展开，取一次项建立线性方程，高斯主元素消去法求解，反复迭代，同时求得所有参数
计算机解析（非迭代法）	1986	V. Feliv 等	阴、阳极反应均为活化控制	选定 $\Delta E = E_1 + n\Delta\varepsilon$ 进行多组测定	解：$I_{(n)} - (\alpha+\beta)\ I_{(n-1)} + \alpha\beta I_{(n-2)} = 0$ 求得 α，β，按：$b_a = \Delta\varepsilon/\log\alpha$ 和 $b_c = -\Delta\varepsilon/\log\beta$，计算出 i_{corr}

第四章　钝化现象及理论

第一节　钝化现象和定义

人们早在18世纪就发现，铁在稀硝酸中析氢反应随酸浓度增大而加剧，但是，当硝酸浓度超过40%后，铁的溶解速度突然下降到微不足道程度。更令人吃惊的是，这种从浓硝酸取出的铁，即使再放回稀硝酸中，也不会再溶解，也就是说，这种耐腐蚀能力还能暂时保持。1836年，Schonbein将这种暂时保持耐腐蚀能力的铁称为“钝化的”铁。后来发现许多因素可以引起金属钝化，历史上起了各种不同的名称，例如：钢铁在热碱溶液（化学钝化）、铝在大电流阳极极化（阳极钝化）、镀锌层在重铬酸钾溶液（电化学钝化）、钢铁在摩擦过程（机械钝化）、不锈钢在含氧环境（自动钝化）等等。现代研究表明，这些不同名称得到的钝化状态大同小异，本质是一样。100多年来，对何种现象称为钝化一直存在许多说法。近代的美国科学家Uhlig将钝化定义归纳成习惯上流行的两种说法：

定义1：假如金属由于显著阳极极化而获得对给定环境抗腐蚀能力，称其为钝化金属。

定义2：假如金属在给定环境虽反应倾向显著但仍具有抗腐蚀能力，称其为钝化金属。

两种钝化金属的共同特征是都具有很低腐蚀速度，但两者本质不同。第一类钝化金属，如铬、镍、不锈钢等，不但有低腐蚀速度，而且电位相当正，阳极极化率大，它们和金属Pt构成腐蚀电池时只产生极小电流。第二类钝化金属，如硫酸溶液中金属铅、水溶液中金属镁或酸洗缓蚀液中钢铁等，它们腐蚀速度也很低，但电位仍相当负，阳极极化率也不大，和金属Pt

构成腐蚀电池时会产生很大电流。

显然，第一类钝化是真正意义上的钝化，它们同时具备以下三个特征：

（1）钝化时，电极电位向正值方向明显移动；

（2）钝化时，金属表面状态有明显突变；

（3）钝化时，金属腐蚀速度大幅度（几个数量级）下降。

第二类钝化往往不同时具备上述特征，但习惯上还是称其为钝化现象。

钝化现象可以看做对电化学腐蚀理论基本规律的反常现象，例如：腐蚀动力学认为，金属发生阳极极化，其极化量（电位偏移）越大，腐蚀越加速，而钝化定义（1）的现象恰好与此基本规律相反。此外，腐蚀热力学认为，电极电位越负的材料，腐蚀倾向越大，而钝化定义（2）也违背了这种基本规律。这些反常现象的原因都和材料表面结构、表面出现特殊结构膜层有关，所以有人主张将钝化看做为“腐蚀结构学”，与腐蚀热力学、腐蚀动力学一起，构成现代腐蚀理论的三大支柱。只是目前对材料表面结构膜与材料腐蚀的研究还很不充分，还没有形成可以和腐蚀热力学、腐蚀动力学相提并论的腐蚀结构学。

钝化现象的研究主要讨论钝化膜结构、了解其产生或破坏的条件、性能和特性等。钝化研究具有极大实用价值。绪论中介绍过，腐蚀有“普遍性”、“自发性”和“隐蔽性”等特点。腐蚀现象无处不在、防不胜防，如果没有钝化现象，人类能使用的材料不会像现在那样丰富，克服材料腐蚀所付出的代价也要比现在大得多。

第二节　阳极钝化极化曲线

前面讲过，第一类钝化现象具有三个基本特征，这些特征集中表现在它的阳极极化曲线上。钝化金属阳极极化曲线具有特殊形状，简称钝化曲线，典型钝化曲线如图 4.1 所示。钝化曲线比前面介绍其他极化曲线形状复杂。以电流为自变量时，它不是单值函数，即一个电流值所对应的电位可以有多个；以电位为自变量时，它才是单值函数。这就是为什么只有用恒电位法才能测到完整阳极钝化曲线，而恒电流法不能测得的原因。随着电位从自腐电位不断向正电位变化，完整钝化曲线上先后出现以下几个区。

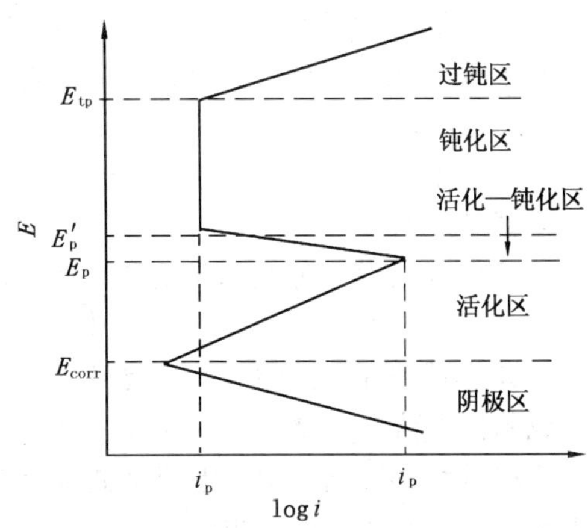

图 4.1　阳极钝化曲线形状的示意图

一、活化区（E_{corr}—E_P）

随着阳极电位升高，阳极电流不断增大，两者关系符合活化极化公式（塔菲尔方程）。此时，金属以低价离子形式不断从表面溶出，进入溶液。该区重要参数是区域结束出现的最大阳极电流，称为致钝电流（或密度）I_P（或 i_P）；相应电位称为致钝电位 E_P。

二、活化—钝化过渡区（E_P—E'_P）

这是一个不稳定区，出现电流急剧波动，从致钝电流逐渐过渡到钝化电流，一般说，电流会下降一到几个数量级，原因是材料表面逐渐建立起阻碍溶解的膜层（钝化膜），阻止金属离子的溶出。稳态研究时对该区了解不多，有时忽略其存在，看作电位一旦超过致钝电位，电流立即降低到很低的钝化电流。最新研究表明，该区出现电化学震荡现象，可提供材料表面暂态信息。该区重要参数为钝化电流 i'_P 和相应的维钝电位 E'_P。

三、钝化区（E'_P—E_{tP}）

在这个电位区域内，阳极电流始终维持在稳定的低值（i'_P）附近，此时材料表面建立了稳定、致密的钝化膜，并处于钝化膜不断建立、破坏、修复的动态平衡。一个比较宽的钝化区电位范围是材料阳极保护技术的应用基础，在以后防腐蚀技术章节中将展开讨论。该区重要参数为过钝电位 E_{tP}。电位一旦超过此值，钝化膜开始破坏，阳极电流又重新上升。

四、过钝化区（大于 E_{tP}）

钝化区和过钝化区之间也可能存在某种过渡区，出现电流不稳定波动，但这方面研究资料不多，故将其忽略。当电位超过过钝电位后，钝化膜破坏倾向超过其修复倾向，使得钝化膜逐渐破坏，造成阳极电流重新增大。但这段阳极电流增大并不是活化区过程简单重复。活化区阳极电流是低价金属离子溶出造成，和金属腐蚀直接相关；而在更正电位区内，电极过钝化电流不一定和金属腐蚀直接相关。以钢铁钝化为例，其过钝化电流可能由高价金属离子溶出或其他成分在阳极上反应（如：析氧反应）造成。前者情况下，过钝化电流和金属高价离子溶出量符合法拉第定律；但后者条件下，过钝化电流和金属腐蚀无定量关系。

即使和金属腐蚀无直接关系，材料也不宜处于过钝化区，因为该条件下材料十分容易发生点腐蚀之类的局部腐蚀，破坏了的钝化膜加大了各种局部腐蚀的可能性。

综上所述，一条完整的阳极钝化曲线存在以下特征点：

（1）致钝电位 E_P：阳极极化电位一旦正于此值，开始出现钝化；

（2）致钝电流密度 i_P：和致钝电位对应的电流密度值，超过此值，开始钝化；

(3) 维钝电位 E'_P：极化电位正于此值，钝化达到稳定；

(4) 钝化电流密度 i'_P：达到稳定钝化时相应的电流密度；

(5) 过钝电位 E_{tP}：阳极极化电位一旦正于此值，钝化开始破坏，阳极电流重新升高。

如果知道了上述全部参数，那么该阳极钝化曲线基本形状已被确定（注意，这些参数符号在各种腐蚀书中不统一，读者最好记住其含义，而不是其符号）。

阳极钝化是阳极的一种极化形式。在补充了这种形式后，我们可以电极极化形式汇总成表 4.1。该表列出腐蚀研究中最常见的 4 种极化形式，两种阳极极化、两种阴极极化，以及相应的参数。虽然理论上还存在其他极化，如：阳极浓度极化等，但它们对腐蚀影响程度和重要性都不如表中列出的那样重要。

表 4.1　腐蚀研究常见的电极极化形式

极化类型	阳极过程		阴极过程	
	活化极化	活化—钝化极化	活化极化	活化—浓度极化
参　数	β_a，E_{corr}，i_{corr}	β_a，E_{corr}，i_{corr}，E_P、E_{tP}，i_P，i'_P	β_c，E_{corr}，i_{corr}	β_c，E_{corr}，i_{corr}，i_L
实　例	钢铁在酸中	不锈钢在含氧的水中	铂上析氢（酸）	钢铁在粘性土壤中

前面已经说过，最简单的腐蚀体系是只有一个阳极反应和一个阴极反应的共轭体系，根据这些电极反应的极化形式，可以归纳成以下几种最常见的腐蚀体系类型（表 4.2）。

表 4.2　常见的腐蚀体系类型

体　系	阳极过程	阴极过程	主要参数
Ⅰ	活化极化	活化极化	β_a，β_c，E_{corr}，i_{corr}
Ⅱ	活化极化	活化—浓度极化	β_a，β_c，E_{corr}，i_{corr}，i_L

续表

体　系	阳极过程	阴极过程	主要参数
Ⅲ	活化—钝化极化	活化极化	β_a，β_c，E_{corr}，i_{corr}，E_P，E_{tP}，i_P，i'_P
Ⅳ	活化—钝化极化	活化—浓度极化	β_a，β_c，E_{corr}，i_{corr}，E_P，E_{tP}，i_P，i'_P，i_L

第三节　钝化剂和自钝化现象

钝化剂是一类能促使金属钝化的物质，大都是无机氧化物，并和金属直接反应很慢，但能很快被阴极电流还原。不是所有氧化物都可作为钝化剂，也不是氧化性越强，钝化作用也越强。例如：含空气的水溶液可使金属铬钝化，但不能使铁钝化；重铬酸钾溶液可使铁钝化，但比它氧化性更强的双氧水或高锰酸钾却不能使铁钝化。对某种具体材料而言，往往只有氧化性适中的物质（环境）可以促使其钝化，过强或过弱都不能造成钝化。图 4.2 示意表达了氧化性能不同的钝化剂对钝化金属可能产生的各种实际行为。

线Ⅰ表示该钝化剂氧化性太弱，与金属钝化曲线的交点位于阳极活化区，金属不会钝化，处于活化状态（腐蚀速度 i_1）。如：铁在稀硫酸、不锈钢在无氧硫酸中的情况等。

线Ⅱ表示钝化剂氧化性较弱或浓度太低，与钝化曲线有三处相交。表示存在两种可能：假如金属原来为活化状态，它不会被钝化，仍以较高速度溶解；假如金属原为钝化状态，它也不会再被活化，继续维持钝态的低腐蚀速度。不锈钢在含氧硫酸中就属于此类情况。

线Ⅲ表示氧化性能适中，极化曲线交点位于阳极钝化区，所以不管金属的原始状态如何，均会被钝化。如：铁在大于

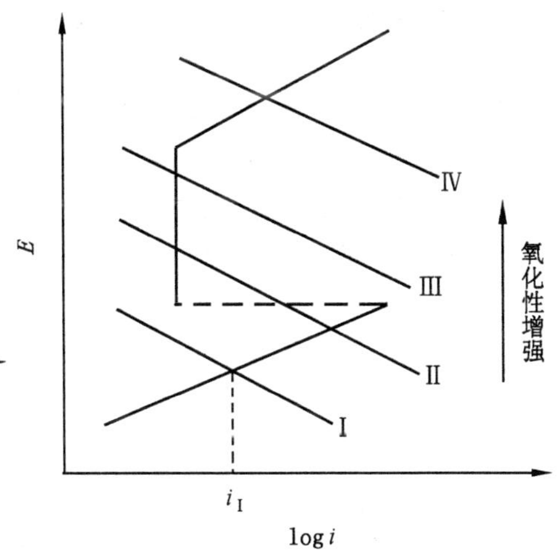

图 4.2　不同氧化性能钝化剂行为的示意图

40％浓度的硝酸或不锈钢在含 Fe^{3+} 的酸中的情况等。

线Ⅳ表示氧化性过强，极化曲线相交于过钝区，金属将发生过钝化，遭到腐蚀。如：不锈钢在发烟硝酸或含 6 价铬化合物的硝酸中。

归纳起来，钝化剂能起作用的两个条件是：

(1) 其还原电位必须高于致钝电位，低于过钝电位，换句话说，其氧化能力要适中；

(2) 其阴极还原电流（速度）I_c 必须超过以下关系式的数值，即钝化剂应有足够浓度：

$$I_c \geqslant i_P \cdot A_a$$

式中　i_P——金属钝化曲线上的致钝电流密度；

A_a——阳极面积占总面积百分数，$A_a + A_c = 1$。

例如：理论上，铁钝化过程的 i_P 为 10～20A/cm²，但实际腐蚀时，其阳极面积分数小，所以需要的阴极总电流可以不太大。例如，许多情况下，I_c 只需大于 0.2A/cm² 就足以使铁钝化。使金属钝化所需最低钝化剂浓度称为临界钝化浓度。例如，如要使得碳钢在水溶液中自钝化，溶液中溶解氧的浓度临界钝化浓度为 20mL/L（此时氧扩散极限电流密度大于、等于铁致钝电流密度）。一般天然水中含氧量远低于此值，所以在天然水中，铁不会自发钝化，但如果换成不锈钢，其致钝电流密度小得多，天然水中含氧量已足以使其钝化。

第四节　钝化理论

材料建立钝态是一种相当复杂的暂态过程，涉及电极表面成分、结构和状态变化、表面液层扩散、电迁移及新相析出等许多过程。这些问题属于材料表面微观形态和腐蚀的关系，目前研究还很不深入。所以说，目前用来解释钝化现象的理论还不太成熟，至少还没有形成统一完整的钝化理论。目前较流行的理论有以下两种：

一、成相膜理论

这种理论认为，金属钝化时表面形成致密、覆盖性好的保护膜（厚度为 10～100A）。这种膜把金属和环境隔开，使金属腐蚀速度大大降低。

最直接的证据是观察到在硫酸中铅表面生成的硫酸铅膜和在 HF 水溶液中钢表面的氟化铁膜，它们是肉眼可见的，明显地阻隔了金属和环境的接触。材料表面形成成相膜的先决条件是在电极反应中有可能生成固态产物。但不是所有固态产物都能依附在材料表面形成钝化膜，腐蚀过程中许多二次过程的腐蚀产物往往是疏松的。例如：金属铁腐蚀时，形成铁离子进入溶液，这些铁离子又和溶液中氢氧根离子发生二次反应，生成氢氧化铁沉淀，这种沉淀很难牢固地附着在电极表面，所以形成成相膜的条件是需要直接在金属表面生成的固相产物。形成成相膜后，金属仍有微小溶解速度，这是因为膜层一般存在微孔，或者离子能够扩散穿透膜层。金属表面形成成相膜后，对其电极电位值影响不大，这些事实和定义 2 中钝化现象比较吻合，许多结论也已被实验结果证实。

二、吸附理论

某些钝化现象，尤其是按定义 1 的钝化，并不能观察到表面成相膜。像不锈钢或铬表面的钝化膜薄到连用高能电子衍射法都无法测定其厚度，其物质量估计不足形成一层氧分子层。显然这样厚度的膜不可能起阻隔作用，成相膜理论无法解释为什么材料依然会钝化和腐蚀速度大幅度下降。因此提出一种吸附理论来解释，该理论认为，引起钝化不一定要形成成相膜，只要在金属全部或局部表面上生成氧或含氧粒子吸附层就足够。吸附粒子可以是 OH^-，O^{2-} 离子，更多人认为是氧原子。吸附层至多为一个单分子层，当氧原子化学吸附在金属表面，使金属表面化学结合力饱和，从而改变金属与溶液界面结构，提高阳极反应活化能，使得腐蚀反应速度和几率显著减小。

曾有实验表明，只要在金属表面最活泼部分（如晶格顶角及边缘）吸附一个单分子层，便能明显抑制阳极反应。例如：铂在盐酸中，当它表面的 6%被吸附氧覆盖，阳极反应速度减少 75%；当 12%表面被吸附氧覆盖，反应速度减少 94%。

吸附理论可以解释为什么多数过渡金属都具有钝化现象。因为，过渡金属（如：Fe，Co，Ni 等）和氧的亲和力大，而且其金属留在晶格中的倾向更大。所以，这些金属离子往往不是离开晶格和氧生成氧化膜，而是更倾向于在其表面生成化学吸附形式的氧原子层。但在吸附含氧粒子种类、作用机理等方面至今仍不十分清楚，需要更多的研究。

上述两种理论都能解释一部分事实，但还都不能解释已有的全部事实。看来不能笼统地持支持或反对某种理论的态度。应该具体问题具体对待，根据具体钝化过程来判别哪种原因起主要作用。

第五节　钝态的稳定性

回到最早发现钝化现象的那个铁在硝酸的实验。有人观察到：如果将铁在浓硝酸中保持时间越长，取出的铁在稀酸中耐腐蚀性也越好。换句话说，连续暴露在钝化环境中有利于钝化膜的稳定性。

钝化现象是一种材料的准稳定状态，只存在于材料的某个电位范围内，当材料的电位向负值变化或向正值变化（不管是环境造成的，还是外电流造成的），达到一定程度后都可能导致钝化状态破坏。电位向负移动造成的破坏称为再活化现象，电位向正移动造成的破坏称为过钝化现象。以下分别叙述它们规律。

一、再活化倾向和佛莱得（Flade）电位

如果采用外电流使金属电位正移，发生钝化，一旦外电流中断后，材料电位又会向负方向退回到自腐蚀电位，称为再活化过程。钝化膜的再活化倾向可用一个特殊指标：佛莱得电位，记作 E_F 来衡量。E_F 可从钝化膜电位衰减曲线测量中得到。含钝化膜的金属电极在切断外电流后，电位会迅速地向负值方向衰减，最终回归到原来的自腐蚀电位。但研究断电后的瞬间发现，电位先很快下降，之后某段时间（几秒到几分钟）内电位改变很慢，最后又快速衰退到原来电位。这个最后快速衰退前的电位就是佛莱得电位 E_F。图 4.3 给出铁在 1N H_2SO_4 中钝化的衰减曲线，虚线位置所标的电位就是佛莱得电位。

佛莱得电位和再活化倾向的关系可以从以下简化的分析得到。假设金属 M 在阳极钝化反应可简化为：

$$M + H_2O \rightarrow MO + 2H^+ + 2e$$

MO 代表金属表面钝化膜，且假设和金属结合的氧量不影响以下计算：

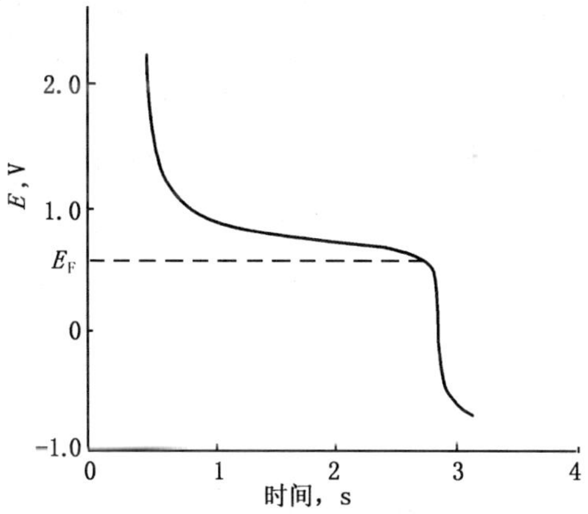

图 4.3　显示佛莱得电位的钝化衰减曲线

$$E_F = E_F^0 + (0.059/2) \times \log [H^+]^2$$
$$= E_F^0 - 0.059pH$$

所以，佛莱得电位和溶液 pH 值有关。某些金属佛莱得电位实测数据如下（25℃）：

对 Fe：$E_F = +0.63 - 0.059pH$

对 Ni：$E_F = +0.22 - 0.059pH$

对 Cr：$E_F = -0.22 - 2 \times 0.059pH$

佛莱得电位越负，上述钝化反应倾向越大；反之，佛莱得电位越正，上述反应的逆反应，即活化倾向越大。从实验数据看，在同等 pH 值条件下，Fe 的钝化最不稳定，容易被破坏，恢复成活化状态。而 Cr 钝化最稳定，一般条件下不易再活化。Ni 居两者之间。

从正常阳极钝化曲线看，佛莱得电位大约位于致钝电位附近（具体位置不同学者尚有争论）。在其他条件相同条件下，佛莱得电位越正，代表稳定钝化的电位范围越小，钝化越不稳定；而佛莱得电位越负，稳态钝化电位范围大，钝化越稳定。

二、过钝化破坏

从钝化曲线看，钝化后电位继续向正值变化，超过过钝电位后，钝化破坏，阳极电流剧增。前面已提及，这时电极反应发生在更正的电位区，不可能是活化区反应的简单重复。可能发生的反应是：金属低价离子进一步氧化成高价离子；也可能是其他反应（如：析氧）出现，例如：对钢铁在水溶液的过钝化，可能发生的反应有以下一些。

$Fe^{3+} + 4H_2O \rightarrow FeO_4^{2-} + 8H^+ + 3e \qquad E^0 = +1.90V$

$Fe^{2+} \rightarrow Fe^{+3} + e \qquad E^0 = +0.771V$

$2H_2O \rightarrow O_2 + 4H^+ + 4e \qquad E^0 = +1.229V$

此时，金属腐蚀是否加速取决于过电位区实际发生的反应。例如：铁在硫酸中过钝化时腐蚀并不显著增大，反应主要为析氧。但在碱性溶液中，铁在过钝区内确实存在腐蚀加速，此时生成铁酸盐 FeO_4^{2-}。不管过钝化时金属是否直接溶出，从防腐蚀角度都应当避免，因为过钝化往往伴随材料表面的严重点蚀。

临界点蚀电位，简称点蚀电位，代表这样一个电位：当金属电位低（负）于此值，不管保持时间多长，金属始终维持钝化，无点蚀产生；但电位正于此电位，电流将增大，并随机产生点蚀。点蚀电位大致位于过钝电位附近（稍负于过钝电位）。点蚀电位可用实验方法测量，例如：采用阳极极化曲线回扫法，先向正电位方向阳极极化超过过钝电位，然后改变扫描方向，使电位向负变化，回扫曲线和原钝化曲线的交点被认为是点蚀电位。

点蚀电位常用来评价材料点蚀倾向：它越小，点蚀倾向越大。点蚀电位受环境中氯离子浓度影响最大，氯离子使金属钝化区范围变小，或者说，使点蚀电位下移到较低正值。有人归纳了不锈钢、铝等金属在含氯化物溶液的点蚀电位和 Cl^- 浓度关系，得到一般关系式：

$$点蚀电位 = -k\log[Cl^-] + 常数$$

氯离子导致钝化破坏或阻碍钝化建立的原因按成相膜理论解释是由于氯离子具有较高穿透膜层能力。如按吸附理论解释，则认为氯离子和溶解氧及含氧粒子在金属表面存在着竞争吸附，一旦氯离子吸附成功，有利于金属离子水化和进入溶液，即增加阳极反应交换电流密度，此时氧的吸附困难，金属不再容易钝化。

电化学腐蚀理论大致介绍到此。腐蚀科学是目前发展最快学科之一，已经形成相对独立的理论体系，并且至少在以下领域，腐蚀理论已得到较好应用：

（1）用电极电位或电位—pH 值图预测材料腐蚀倾向；

（2）用极化图分析影响材料腐蚀的各种因素；

（3）用实测极化曲线获取腐蚀动力学，包括腐蚀速度的大量信息；

（4）分析实际腐蚀事例，寻找腐蚀规律，预测腐蚀行为等；

（5）指导防腐蚀措施，如：开发耐腐蚀材料、电化学保护、缓蚀剂、覆盖层等技术。

但是也应当看到，该理论尚不完善，主要局限性可能有：

（1）对非电化学反应为主的腐蚀现象缺乏系统的理论，例如，纯化学或纯物理腐蚀目前只能根据相应化学或物理学一般知识处理。随着对非金属、高分子、复合材料腐蚀问题研究日益加深，势必需要发展内涵更加广泛的腐蚀理论体系。

（2）对腐蚀电极过程有过多简化，如：对浓度极化公式只考虑稳态扩散，对腐蚀电极极化公式以共轭电极为基础，对实际腐蚀体系和极化曲线缺乏有效理论分析手段。

（3）只涉及稳态过程，对暂态及非稳态电极研究甚少，而它们在腐蚀测量，如：快扫描、表面阻抗技术及钝化理论的研究中均有重要意义。

实际腐蚀问题分析

第五章　实际腐蚀——以环境和形貌分类

第一节　腐 蚀 分 类

腐蚀是材料和环境反应造成的材料损伤。可以从损伤形貌、环境种类、反应类型或材料种类等不同角度来对腐蚀分类。

一、按腐蚀形貌分类

美国腐蚀科学家方坦纳（M. G. Fontana）曾将腐蚀分为 8 种类型，分别是均匀腐蚀、电偶腐蚀、缝隙腐蚀、点腐蚀、晶间腐蚀、选择性腐蚀、磨损腐蚀和应力腐蚀破裂。另一位美国腐蚀科学家尤里格（H. H. Uhlig）则将腐蚀分为五类：均匀腐蚀、点腐蚀、晶间腐蚀、选择性腐蚀和应力腐蚀破裂。从腐蚀形貌的一般意义来说，只有两类：全面腐蚀和局部腐蚀。全面腐蚀分布在材料所有表面，根据程度不同，又分为：均匀的或不均匀的腐蚀。局部腐蚀时，只在某个局部表面发生腐蚀，其他区域未受腐蚀。局部腐蚀有多种类型，一般腐蚀书籍按其产生原因分类，有电偶腐蚀、点蚀、缝隙腐蚀、晶间腐蚀、选择性腐蚀及应力腐蚀破裂等。不过，从材料使用安全角度，近年更多将腐蚀缺陷分为：体积型缺陷（以质量流失为特征）和平面裂纹型缺陷（以强度损失为特征）。前者包括电偶腐蚀、点蚀、缝隙腐蚀等，后者包括晶间腐蚀、应力腐蚀等。

二、按腐蚀环境和因素分类

自然环境（大气、海水、淡水、土壤等）。

工业环境（高温、油气开采、油气地面生产、化工生产、炼油工业等）。

腐蚀环境和其他因素联合作用，如：

应力腐蚀（和固定的拉应力作用相结合）；

腐蚀疲劳（和交变的应力作用相结合）；

磨损腐蚀（和机械磨损作用相结合）；

空穴腐蚀（和高速流体湍流作用相结合）；

氢腐蚀（和氢原子渗入材料内部过程有关）等。

三、按反应机理分类

纯化学腐蚀（金属与非电解质之间的化学反应，如铝在 CCl_4 中腐蚀。高温腐蚀过去曾一直被看做为纯化学反应，现在发现部分氧化膜有电化学特征，属电化学腐蚀）。

物理腐蚀（金属在高温融盐或液态金属中单纯的物理溶解作用）。

电化学腐蚀（金属在离子导电介质中，电化学反应是最普遍的腐蚀原因）。

四、按材料、设备种类分类

例如：钢铁腐蚀、有色金属腐蚀、各种非金属材料（如陶瓷、玻璃、混凝土等）腐蚀、高分子材料腐蚀（老化）、复合材料腐蚀等，或埋地管道腐蚀、油气储罐腐蚀、井下腐蚀、石化设备腐蚀等。

各种分类有交叉、重复，本书选择其重要类型介绍。本章除介绍水、气、土和高温等环境腐蚀，还重点介绍局部腐蚀形式，如：电偶腐蚀、点腐蚀、缝隙腐蚀、晶间腐蚀、选择性腐蚀、应力腐蚀、腐蚀疲劳、运动介质造成的腐蚀、氢腐蚀等。因为多数实际腐蚀为局部腐蚀，其危害要比均匀腐蚀大得多。例如：据日本三菱化工机械公司对化工设备破坏事例的 10 年统计调查表明：全面腐蚀仅占 8.5%，应力腐蚀占 45.6%，点蚀占 21.6%，腐蚀疲劳占 8.5%，晶间腐蚀占 4.9%，高温腐蚀占 4.9%，氢脆占 3.0%。

以材料和设备为题的腐蚀放在第六章介绍。

第二节　自然环境的腐蚀机理

大气、土壤和水（包括天然淡水和海水）是材料使用的主要自然环境，也是环境腐蚀传统研究领域。随着科技进步和人类活动范围的拓宽，现代环境腐蚀研究还应包括：地下（井下）和太空环境。这些环境腐蚀问题在今后深井勘探、地热利用、太空站、航天技术的发展过程中一定会暴露出来，尽管目前知道不多，但其重要性会与日俱增。

此外，生产环境腐蚀问题不容忽视。主要有石油、石化、冶金、化工、邮电通信、电力工业、核电等领域设备及材料的腐蚀问题。

本节主要讨论地球上自然环境腐蚀机理。根据大气、土壤、水环境腐蚀的共同特点，讨论造成腐蚀的因素和作用规律，为一般环境腐蚀提供分析腐蚀规律和防治方法的依据。

绪论中介绍腐蚀现象“普遍性”时提过，地球上最广泛存在的空气和水就是取之不尽的腐蚀因素。学过腐蚀动力学后知道，它们都是阴极过程去极化剂，即腐蚀促进剂。去极化剂消除或减轻电极极化，而极化是电极反应阻力，减轻极化等于加速反应。在水溶液环境中，具体的去极化反应如下。

水中氢离子的去极化作用：　　$2H^+ + 2e \rightarrow 2H \rightarrow H_2$

空气中氧气的去极化作用：　　$O_2 + 2H_2O + 4e \rightarrow 4OH^-$

前者造成的腐蚀称为析氢腐蚀；后者造成的腐蚀称为耗氧腐蚀。现简述其规律如下。

一、氢去极化过程

这类腐蚀通称为氢去极化腐蚀或析氢腐蚀。因为伴随腐蚀发生，不断有氢气从电极表面阴极区位置析出。氢去极化过程为电化学极化，因为氢离子带电荷可受电场力作用、析出的氢气起了搅拌溶液，加速对流的作用，再加上氢离子体积小，扩散迁移速度快，所以几乎不受浓度极化影响。极化程度取决于氢过电位大小。它与下列因素有关：

（1）电极材料种类。氢在不同金属上析出过电位差异极大。前面介绍过，1M HCl 中光滑 Pt 片的氢过电位接近为零而同样溶液中 Pb 或 Hg 表面氢过电位达 1V 以上。

（2）电极表面粗糙度。粗糙度大，氢过电位低，导致腐蚀加速。

（3）温度。一般温度升高，导致氢过电位低，使腐蚀加速。

金属在除去空气的水或非氧化性酸中的腐蚀一般均属于析氢腐蚀。

二、氧去极化过程

这类腐蚀通称为氧去极化腐蚀或耗氧腐蚀。因为伴随腐蚀发生，溶液中的氧气不断被消耗。中、碱性溶液中，氢离子浓度低，析氢反应电位较负，而氧化还原反应可在正得多的电位下进行，此时氧去极化显出一定优势。和氢去极化过程不同，氧去极化主要受浓度极化控制。只有供氧极其充分条件下，氧去极化才可能属电化学极化。氧原子不带电、体积大、迁移扩散慢，所以，氧在阴极上还原过程中最慢步骤是溶液中氧通过电极表面静止层到达电极表面的过程。因此这类腐蚀也称为：氧扩散控制腐蚀。其腐蚀速度取决于能够到达电极表面的氧浓度（相当于极限扩散电流密度）。它和溶液中氧溶解度及扩散条件（温度、流速、搅拌等）等因素有关，而和电极材料及表面状态关系很小。

中、碱性的、含空气的水或土壤中金属腐蚀一般均属于耗氧腐蚀。

这两类腐蚀的比较见表 5.1。

表 5.1　氢去极化和氧去极化腐蚀的比较

项　目	析 氢 腐 蚀	耗 氧 腐 蚀
去极化剂种类	氢离子 H^+	氧分子（或原子）O_2

续表

项　目	析氢腐蚀	耗氧腐蚀
去极化剂性质	体积小、带电荷、扩散系数大	体积大、不带电荷、扩散系数小
去极化剂浓度	较高	低（氧饱和溶解度为 10^{-4}M）
阴极反应产物	H_2，逸出快，并起搅拌作用	OH^-，靠对流、扩散，速度慢
阴极极化类型	电化学极化（活化极化）	浓度极化
腐蚀控制类型	阴、阳极混合控制，阴极活化为主	阴极控制居多，以氧扩散为主
腐蚀速度大小	无钝化时，析氢腐蚀速度较大	无钝化时，耗氧腐蚀速度较小
电极材料影响	金属种类、杂质和状态影响大	与金属种类及状态关系不大
温度的影响	温度高 10℃，腐蚀速度约大一倍	温度高 30℃，腐蚀速度约大一倍

以上讨论指溶液环境，其他自然环境中腐蚀同样和空气及水密切相关，其中水提供导电环境，空气中氧气提供金属腐蚀（氧化）动力，两者缺一不可。这个观点可用来分析许多环境腐蚀规律。例如：中国民间有句俗语：干百年，湿千年，半干半湿才几年。意思是没有水的干环境和没有空气的水环境都不会造成太大腐蚀；但既有水、又有空气的环境会使材料严重腐蚀。所以干旱沙漠中废弃的汽车部件始终保持光亮；我国湖北出土的汉代金属编钟（乐器）因为浸在地下缺氧的深水坑内，得以历经千年而丝毫无损。根据这个原则，也很好理解，为什么土壤最大腐蚀性往往对应某个中间含水量，而不是饱和含水量，因为前者代表既有水又有空气的状态。

第二节　淡水和海水的腐蚀

一、天然淡水

地球上，江、河、湖泊的淡水平均组成大约如表 5.2 所示。

表 5.2　世界上河水溶解物的平均组成①

成　分	CO_3^{2-}	SO_4^{2-}	NO_3^-	Cl^-	Ca^{2+}	Mg^{2+}	Na^+	K^+	Fe_2O_3、Al_2O_3	SiO_2	总　计
浓度，%	35.15	12.14	0.90	5.68	20.39	3.14	5.76	2.1	2.75	11.57	100
mg/L	28.3	11.2	1	7.8	15	4.1	6.3	2.3	0.96	13.1	90

①引自：朱日彰，《金属腐蚀学》，冶金工业出版社，1989 年，202 页。

天然水中，金属腐蚀速度受氧向金属表面扩散的速度控制，几乎和环境 pH 值、材料成分、种类、结构、冶炼方法及热处理过程等关系不大。例如，含饱和空气的水中，各种成分钢铁、包括铸铁的稳态腐蚀速度都在 1.0～2.5gmd。

影响金属在水中腐蚀速度主要因素有：

1. 氧浓度

氧浓度增大后，腐蚀速度几乎正比地增大。钢腐蚀速度达到最大时的氧浓度（人工充氧条件），为 10mL/L。如果氧浓度再继续增大，钢腐蚀速度反而降低，原因是过量氧促使钢铁表面钝化。但在酸性的水环境（pH 值小于 4），氧扩散不再起控制作用，腐蚀由析氢速度控制。此时，含杂质较少的纯铁有较低腐蚀速度，低碳钢腐蚀速度低于高碳钢，而且热处理及冷加工也可能影响材料腐蚀速度。

2. 温度

温度对钢铁在水溶液环境腐蚀影响视腐蚀机理而定。氧扩散控制的腐蚀时，温度影响氧的稳态扩散速度，温度平均每升高 30℃，腐蚀速度约增加一倍。如果腐蚀和析氢反应有关，则温度主要影响反应活化能，有资料估计，大约每升高 10℃，腐蚀速度增加一倍。腐蚀和温度的这些粗略关系常用来判别腐蚀的机理。

3. 溶解盐

室温、空气饱和的水中，溶解盐（以 NaCl 为例）浓度增大，钢铁腐蚀速度随之增大，3%NaCl（相当海水浓度）时达到最大值；如果盐浓度继续增大，钢铁腐蚀速度开始下降，26% NaCl 时，腐蚀速度比纯水中还低。其原因是含盐量既和溶液导电性有关，又和氧气溶解度有关。低浓度盐溶液中导电性起主要作用，腐蚀速度随盐浓度增大而增加；高浓度盐水中氧溶解度明显降低，造成腐蚀速度的下降。溶解盐种类差异一般对腐蚀影响不太大。但值得注意的是钙、镁盐类，它们在水中含量被称为水的"硬度"，由于它们容易沉积在金属表面形成垢层，所以一般说来，"硬水"腐蚀性反而小于含盐少的"软水"。

4. 流速

流速对钢铁在天然水中腐蚀影响比较复杂。起初水的相对运动带来更多氧，从而促进腐蚀。但流速大到因过量氧引起金属钝化的话，腐蚀速度就会下降，流速再继续增大，钝化膜会因水流机械磨损作用破坏，腐蚀速度又会上升。但在海水中，高浓度氯离子使钢铁难以钝化，腐蚀速度始终随流速增加而单调上升，不会出现下降过程。

5. pH 值

天然淡水的 pH 值范围内（4～10），金属腐蚀速度几乎和 pH 值无关，都等于和氧扩散极限电流密度对应的腐蚀速度。pH 值小于 4 时，由耗氧腐蚀转变为析氢腐蚀，腐蚀机理改变，腐蚀速度明显增大；pH 值大于 10，钢铁等许多金属可能钝化，腐蚀速度剧降。

二、海水腐蚀

海洋占地球表面十分之七，是材料使用的重要环境。海水所含盐类成分见表 5.3。

表 5.3　海水盐类的平均组成①

离子名称	Na^+	Mg^{2+}	Ca^{2+}	K^+	Sr^{2+}	Cl^-	SO_4^{2-}	HCO_3^-	Br^-	F^-	合　计
浓度，%	1.056	0.127	0.04	0.038	0.001	1.898	0.265	0.014	0.0065	0.0001	3.45

①引自：朱日彰，《金属腐蚀学》，冶金工业出版社，1989 年，205 页。

海水含盐量用盐度（每千克海水含固体盐类克数）或氯度（每千克海水含氯离子克数）表示。海水有很高电导率（4×10^{-2}s/cm），比河水（2×10^{-4}s/cm）或雨水（1×10^{-5}s/cm）导电能力强千倍；海水 pH 值：8.1～8.3；溶解氧：5～10mg/L。海水腐蚀具有以下特点：

（1）由于存在高浓度氯离子，大部分金属在海水中无法钝化，只有极少数金属（Ti，Ta 等）在海水中仍可维持钝化；

（2）由于海水高导电性，腐蚀过程的电阻极化很小，异种金属的电偶腐蚀作用较强；

（3）阴极过程一般仍为氧扩散浓度极化，当海水流动性强、溶氧高时腐蚀速度相当可观；

（4）需考虑海洋生物、微生物对腐蚀的复杂影响，多数情况下是增加金属腐蚀。

在海水环境使用的金属构件，根据和海水接触情况可将海洋环境分为：海洋大气区、飞溅区、潮汐区、全浸区和海泥区。全浸区按海水深度又分为：浅水区、大陆架和深海区。根据浸泡试验（钢立柱实验）数据表明，普通钢材在海泥区平均腐蚀速度 0.1mm/a，全浸区 0.2mm/a，而飞溅区的腐蚀速度最高，可达 0.5～1.2mm/a。不同地区海水，因气候、环境和污染等差异，腐蚀性可能有很大不同，需根据实际情况确定。

第四节　大 气 腐 蚀

据估计，全世界钢产量的 60％是在大气环境下使用。大气主要腐蚀成分是水汽和氧。我国幅员辽阔，不同地区大气差异极大，按气候特征可分为六种气候区：寒温带、中温带、暖温带、亚热带、热带和高原气候带。从腐蚀性考虑，更经常将大气分为：农村大气、海洋大气、城郊大气、工业大气、极地大气和热带大气等。

影响金属在大气中腐蚀的主要因素如下。

一、湿度

按大气中含水量多少可区分为：干大气、湿大气和饱和水大气。干大气中腐蚀微不足道，因为缺乏水作为导电环境。大气腐蚀性和其含水量关系极大。大气含水量常用相对湿度（RH）表示，其含义是用百分比表示的大气含水量和同温度饱和含水量之比。早期研究发现，金属在大气中腐蚀和相对湿度的关系曲线上存在一个拐点，当相对湿度低于此值时，金属腐蚀速度可忽略不计；超过这个相对湿度，腐蚀才明显发生。这个湿度称为临界相对湿度。临界相对湿度实际代表金属表面能够形成连续水膜时的最低相对湿度。之所以能够在比饱和湿度低得多的条件下就能出现连续水膜，主要原因在于：金属表面某些覆盖物（污垢）的毛细凝聚作用、金属表面本身的化学凝聚作用或物理吸附作用等。金属表面凝结水膜并非纯净水，多数是含空气和盐类的电解液，有较强腐蚀性。临界相对湿度是金属大气腐蚀重要参数，由金属种类、表面状态及大气环境决定。例如：钢铁在无污染大气中的临界相对湿度大约在50%～70%。同样材料在海洋大气中，由于金属表面沉积海盐粒子，临界相对湿度可能下降到40%以下。严重污染的空气中，这种临界相对湿度可能不再存在。大气腐蚀随大气含水量增加不断增大，接近饱和时，这种增大越来越慢，变成稳定。

二、温度

一方面，如果同等条件比较，平均气温越高，金属腐蚀也越大；另一方面，温度影响材料腐蚀的重要途径和结露现象有关。当由于气温下降，原来大气所含水分超过了低温条件的饱和湿度时，富裕水分就会以露水形成析出。深秋凌晨在露天物体表面经常可以看到这种露水。是否结露是由大气含水量及由环境温度变化幅度决定，经常用露点温度描述出现结露时的低温条件。结露在材料表面形成连续水膜，为材料腐蚀提供了腐蚀环境条件。工业气体也存在露点腐蚀问题，典型例子是含硫烟道气在通过烟囱排放时，由于温度下降到露点温度，导致含硫酸性液体析出，造成烟囱内壁严重腐蚀。

三、杂质

大气主要由80％氮气，20％氧气组成，此外含少量二氧化碳等气体。它们都无腐蚀性。大气的腐蚀性来自水汽及其他杂质。其腐蚀性杂质主要有：盐类颗粒（海洋大气）、二氧化硫（工业大气）、固体粉尘（城市大气）等。它们的大致浓度范围见表5.4。

表5.4　大气中腐蚀性杂质的典型浓度①

杂　质		浓度，$\mu g/m^3$
二氧化硫（SO_2）		工业大气：冬季350；夏季100 农村大气：冬季100；夏季40
三氧化硫（SO_3）		近似为相应SO_2含量的1％
硫化氢（H_2S）		工业大气：1.5～90；城市大气：0.5～1.7 农村大气：0.15～0.45
氨（NH_3）		工业大气：4.8 农村大气：2.1
氯化物	空气样品	内陆工业大气：冬季9.2；夏季2.7 沿海农村大气：平均5.4
	雨水样品	内陆工业大气：冬季7.9；夏季5.3mg/L 沿海农村大气：冬季57；夏季18mg/L
灰尘颗粒		工业大气：冬季250；夏季100 农村大气：冬季60；夏季15

①引自：朱日彰，《金属腐蚀学》，冶金工业出版社，1989年，190页。

除纯铁外，一般钢铁在大气中形成的锈层多少具有保护作用，所以腐蚀速度随试验时间逐渐达到稳定。美国ASTM根据各种金属在多种大气中暴露10～20年的数据，总结出腐蚀量W和时间t的关系式：

$$W=kt^n$$

式中，n 和 k 均为常数。这个公式对钢表面各种金属涂层的大气腐蚀数据都适用。

除涂层保护外，钢中加少量 Cu、P 等合金元素得到“耐候钢”具有优良抗大气腐蚀性。除了材质外，防治大气腐蚀其他方法还有使用涂层、加气相缓蚀剂和降低空气湿度等。

第五节　土 壤 腐 蚀

20 世纪 90 年代统计，中国有埋地长输管道 6470km，还有数量多几倍的集输管线。城市里水、电、暖、燃气等管道更是不计其数。研究土壤腐蚀对保障这些地下“动脉”安全具有十分重要的意义。

土壤是地球表面覆盖的一种复杂的、多相、不均匀电解质，以下土壤特性和腐蚀有关：

（1）土壤是气、液、固组成的多相体系。其中固体主要为土壤颗粒，由各种矿物质组成，如不考虑其成分，仅从其物理粒度来区分，一般将直径在 0.01～2mm 称为砂石、0.005～0.07mm 称为粉砂、小于 0.005mm 称为粘土。根据各种颗粒分布比例，土壤分为沙土、壤土和粘土，其颗粒空隙度依此递减。土壤颗粒空隙由气体和液体充填，土壤水可以存在于土壤颗粒内部（化合水）、也可以存在土壤颗粒间隙（间隙水），只有间隙水才可能造成材料腐蚀，土壤水是溶有各种盐类的电解质。土壤中气体为空气、水蒸气等，占据在土壤颗粒间隙内。可近似认为：土壤空隙度等于土壤间隙水体积加土壤中空气的体积。所以含水分和空气均适量的土壤腐蚀性最强。

（2）毛细管效应（多孔、吸附）。土壤颗粒之间形成大量毛细管微孔和间隙，使得深层地下水可以渗透到地表。有人曾发现，在干旱的新疆塔里木沙漠中，高达几米的沙丘下面依然可以存在湿沙层，尽管当地地下水深达几十米。

（3）不均匀性。土壤微观不均匀性表现为土壤微结构松紧程度不同、固液气成分及含量不同，它们造成土壤的微电池腐蚀。从宏观上看，不同区域土壤类型、理化性质也可能存在极大差异，它们造成土壤的宏电池腐蚀，对长输管道来说，引起长线电流腐蚀，其腐蚀电池的阴、阳极距离可能相隔数公里。

（4）不流动性。和大气、水等环境相比，土壤环境相对固定，无特定外力绝无迁移可能。土壤的气、液相只能在有限距离内交换，所以土壤腐蚀过程的腐蚀成分及腐蚀产物都很难扩散，容易受浓度极化控制。

根据以上特点，金属在土壤中主要腐蚀形式如下。

（1）不均匀性引起的微观及宏观腐蚀电池。

中国建设中的西气东输管道长达4000km，从西到东穿过了沙漠戈壁、盐碱土、黄土高原、丘陵山地直到江南水乡的平原地区。土壤性质变化极大。从腐蚀角度来看，土壤中供氧程度差异是造成不均匀性腐蚀电池的主要原因。供氧充足区域一般易成为阴极；供氧不足区域易成为阳极。此外，材料种类和状态也会影响其阴、阳极分布。根据这个思路，可将土壤腐蚀电池常见阴、阳极位置归纳成表5.5：

表5.5　土壤腐蚀电池阴、阳极区一般发生位置

阳极区	粘土	紧密	埋设深	含水多	应力集中区	新管道	A3钢
阴极区	沙土	疏松	埋设浅	含水少	无应力区	老管道	16Mn钢

当然，实际阴、阳极位置应当根据具体情况，靠测量来确定。

（2）应力腐蚀开裂（SCC）。

应力腐蚀开裂是造成地下管道破断的主要原因之一，易发生在阴极保护管道表面涂层剥落部位。根据最新研究表明，有二类土壤应力腐蚀开裂：一类称为高pH值应力腐蚀，好发生在阴极保护作用下沥青等涂层管道的破损表面。由于阴极保护电流的驱使，土壤中钙、镁等阳离子通过涂层缺陷，集中到管道表面，造成碱性物质（浓溶液或晶体）聚积，现场调查中有时剥开破裂涂层可见到白色粉末。另一类土壤应力腐蚀是近十几年才引起重视的，发生在聚乙烯胶带之类涂层的管道破损处，称为近中性应力腐蚀，管道表面聚集溶液为 pH = 6～7 的含盐很少的中性液体，这类腐蚀在气候较寒冷的加拿大、俄罗斯的高压输气管道频频发生，造成极大危害。据说，中国目前尚无此类腐蚀破裂的报道。

(3) 杂散电流腐蚀和细菌腐蚀（将在本章第六节专题介绍）。

金属在土壤中腐蚀速度差异很大。据美国国家标准局在全美 40 多种不同土壤中的埋片腐蚀试验表明，铜的腐蚀速度只有钢的 1/6，钢腐蚀速度是铅的 8.6 倍、锌的 1.5 倍。各种牌号钢铁的土壤腐蚀速度几乎相同，但土壤环境差异可能造成钢铁腐蚀速度相差达 20 多倍。中国土壤腐蚀试验同样也表明，钢铁土壤腐蚀差异可达到 20 多倍。表 5.6 是低碳钢材料在中国部分地区埋片试验的腐蚀数据。

表 5.6 低碳钢材料在中国不同地区土壤的腐蚀数据

地　区	土壤种类	试验条件			腐蚀速度的范围，mm/a	
		材　料	时　间	区域面积，km^2	最大值	最小值
全国 13 种土壤（平均）	—	碳钢	3 年	—	0.085	0.005
辽宁省	壤土	碳钢	4 年	15000	0.069	0.005
海南省	红壤	A3 钢	3 年	30000	0.079	0.019
大港油田（河北）	盐碱土	A3 钢	1 年	5000	0.099	0.0046
塔里木（新疆）	戈壁	A3 钢	2 年	20000	0.123	0.0045

除了地理、气候等环境因素外，土壤理化性质中影响腐蚀的因素主要有 4 大类：

(1) 导电性：包括土壤电阻率、浸出液电导等；

(2) 透气性（含水气比）：包括土壤容重、含水量、氧化还原电位等；

(3) 含盐量：包括氯离子、硫酸根、碳酸盐及总盐量等；

(4) 酸、碱缓冲性：包括 pH 值、总酸度、总碱度等。

根据土壤理化性质预测土壤腐蚀性在工程上有实际意义。过去较长时间用单一指标评价土壤腐蚀性，如：电阻率、含水量等，但由于土壤腐蚀复杂性，评价准确性差。前苏联腐蚀科学家 Romanoff 甚至认为土壤腐蚀性和土壤单项理化性质没有相关性。德国贝克曼提出按 12 种土壤指标打分，然后综合评价对钢铁的腐蚀等级（DIN50929）。本文作者曾用 3～5 项指标（关键参数）及模式识别等方法先后为塔里木油田、大港油田和许多长输管道沿线建立钢铁—土壤腐蚀模型，国内其他学者也有用灰色模型、模糊聚类、神经网络等方法对土壤腐蚀性评价作过有益尝试。

第六节　杂散电流腐蚀和细菌腐蚀

一、杂散电流腐蚀

杂散电流是大地中不按指定回路流动的乱散电流，可能是交流的也可能是直流的，其强度及持续时间等差异很大。埋地金属构件遭受杂散电流时，如果电流方向由金属构件流向土壤，那么该部位会引起严重腐蚀（相当于外电流强制阳极极化作用）。这类腐蚀有时也称为电蚀。

直流杂散电流来源十分广泛，一般有电气化铁路、直流电源接地线、电焊机、阴极保护系统等。交流杂散电流可能的来源有交流电源接地线、管道与电源平行时产生的感应电流等。此外，大气雷电对地下构件发生雷击时，也会产生短暂和高强度的电流流动，这类电流在管道表面造成边缘清晰、底部光滑的电击坑。

直流杂散电流对金属造成腐蚀可按法拉第定律计算。即：

金属腐蚀量取决于流动的电量（电流强度和时间的乘积）表 5.7 给出部分金属在直流杂散电流腐蚀时的失重当量。

表 5.7　每安培年直流杂散电流腐蚀造成的金属失重

金　属	Fe	Cu	Pb	Zn	Al
腐蚀失重，kg	9.1	10.4	33.8	10.7	2.9

假设 1A 直流杂散电流在管道上只作用一天，所造成的钢铁损失（变成离子）发生在 $1cm^2$ 面积上，那么可以估算，腐蚀深度 $=\frac{9100\times10}{365\times7.8}=32mm$。一天之内将产生如此深腐蚀坑。

交流杂散电流腐蚀一般要比直流的轻。有人曾对钢、铅和铜等金属作过估算，60 周交流杂散电流的腐蚀不超过等值直流电腐蚀的 1%。但易钝化金属的交流杂散电流腐蚀可能严重得多。有数据表明：稀的含盐溶液中，铝在 $15A/cm^2$ 交流电作用下的腐蚀为等值直流电的 5%，当电流密度增高，这个比例还会增大，直至 30%。不锈钢也是容易受交流电腐蚀的材料。

经常用来说明杂散直流电腐蚀的两个例子是：

(1) 有轨电（火）车对埋地管道杂散电流腐蚀（图 5.1）

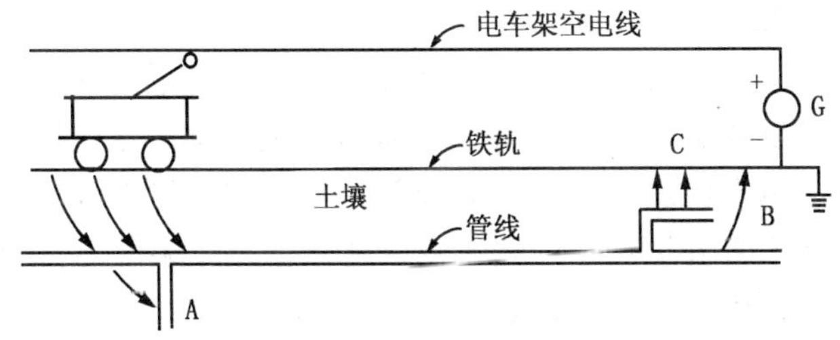

图 5.1　杂散电流腐蚀实例之一

杂散电流借管道作通道（一般管道金属电阻小于土壤电阻），导致电流在流出管道的部位（B）严重腐蚀，此时若按常规方法在 B 处用涂层防护，可能使电流更集中，局部腐蚀速度增加。解决方法是在 B 点用导线和铁轨（接地体）联结，使杂散电流由导线排走。

（2）岸上直流焊机对水中船体焊接时的杂散电流腐蚀（图 5.2）

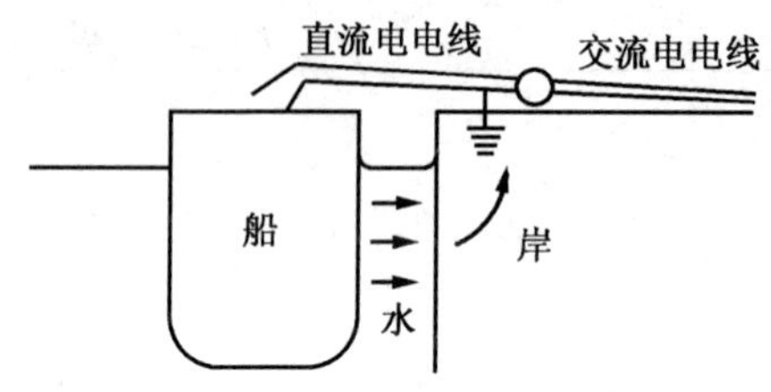

图 5.2　杂散电流腐蚀实例之二

因焊机地线在岸上，焊接时的电流必须通过船体—水到达岸上接地点，所以，假如，在船甲板焊接补了一个洞，那么在船体靠岸一侧水下部位（电流从该点流出）可能产生一个新洞（严重腐蚀），解决方法是把焊机搬到船上，再从岸上引交流电到焊机，因为交流电漏出的危害要轻得多。

上述例子给出杂散电流腐蚀规则：腐蚀只发生在埋地金属的特定部位，电流从该处流出到土壤；其他部分，包括流入部位都不腐蚀，或简化说流出部位腐蚀、其他不腐蚀。

以此规则来分析埋地管道绝缘法兰造成的杂散电流腐蚀。如果埋地管道上有 0.01A 的直流杂散电流流动，通过以下计算来考虑杂散电流腐蚀大小。假设管道内输送不导电介质，杂散电流全部沿管外壁流动，遇绝缘法兰后阻断，杂散电流只能绕道土壤再回管道（图 5.3）。

如电流流过的管道面积为 $100cm^2$，按法拉第定律，该处腐蚀速度为：10×91/（7.8×100）=1.2mm/a。如果面积减小到 $1cm^2$，腐蚀速度增到 120mm/a。这是一个惊人数字。腐蚀位置是迎着杂散电流方向的法兰前端管道外壁。为防止此类腐蚀，目前技术标准要求，在埋地绝缘法兰两侧的管道外壁，不少于

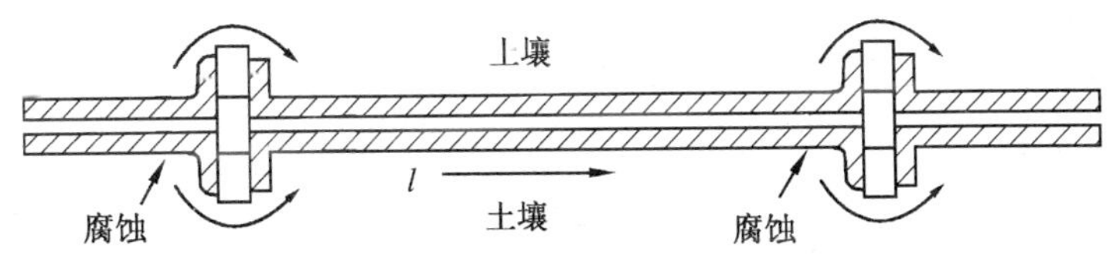

图 5.3　埋地管道绝缘法兰造成的杂散电流腐蚀

50 倍管径的长度段，必须施加优质绝缘涂层，以加大杂散电流从管道流入土壤的阻力。上例中未考虑管内介质传递杂散电流，其实这个影响不大：假设杂散电流同时沿管道钢壁和管内介质流动。按导电性最强的海水考虑，其电阻率 20Ω·cm，钢铁电阻率 10^{-5}Ω·cm。即使假设水的导电截面是钢管的 10 倍，两者传递电流比为 $1:2\times10^{5}$，输送导电性较差液体时这个比例更大。所以绝大部分电流还是由钢管输送，腐蚀仍主要发生在管道外壁。

二、细菌、微生物腐蚀

有调查统计，金属在土壤中腐蚀多数涉及微生物活动，土壤中存在微生物种类非常多，并非所有微生物都和腐蚀有关，只有少数几种与腐蚀关系密切，称为腐蚀微生物。微生物并非生物学分类名词，而是所有形体微小、单细胞、简单多细胞甚至无细胞的低等生物统称。例如：细菌、霉菌、放线菌、病毒等。其中主要研究对象是细菌。它们兼具动物（运动能力）和植物（有硬的细胞膜）特点。平均 2×10^{12} 个细菌的质量才 1g。90 多年前就已发现微生物导致腐蚀，称为细菌腐蚀，简称 MIC。腐蚀细菌主要类型及特性见表 5.8。

表 5.8　和腐蚀有关的几种细菌特性

细菌种类	喜氧菌（嗜氧菌）		厌氧菌
细菌名称	铁细菌	硫氧化菌	硫酸盐还原菌
代号			SRB

续表

细菌种类	喜氧菌（嗜氧菌）		厌氧菌
需氧条件	嗜氧	嗜氧	厌氧
生存环境	含铁盐和有机物的静水和流水	含硫和硫酸盐的土壤和水	含硫酸盐的水、污泥、土壤、沉积物等
营养物质	$FeCO_3$，$Fe(HCO_3)_2$	S，S^{2-}，$S_2O_3^{2-}$	SO_4^{2-}，SO_3^{2-}，$S_2O_3^{2-}$
代谢产物	$Fe(OH)_3$	H_2SO_4	H_2S
生存pH值 最佳pH值		0.5～6.0 2.0～4.0	5.0～9.0 6.0～7.5
生存温度,℃ 最佳温度,℃	5～40 24	18～37 28～30	15～65 25～30

腐蚀细菌并非像过去科普宣传中那样是“吃”金属的细菌，近年研究表明，其腐蚀作用和它们在材料表面生成的生物膜密切相关。细菌生物膜是由蘑菇样或柱样单位组成，亚单位分为根部、颈部和头部。根部固定在金属表面，其他部位之间形成水通路，输送养料、带走细菌代谢废物，功能非常像原始循环系统。每个亚单位骨架纠缠一起构成细条、细条交错呈网状。细菌附着在网状结构表面，可能多种菌类共生，构成和谐群体。生物膜形成后，可能发生以下和腐蚀有关作用：

（1）细菌代谢产物有腐蚀性。如产生硫酸、硫化物、有机酸、胺类等代谢产物，恶化环境。

（2）细菌生命活动影响电极反应动力学过程。如硫酸盐还原菌起类似阴极去极化剂作用。

（3）细菌活动会营造适合自身生存环境，改变氧浓度、盐浓等、pH等，导致膜内外各种浓差差异电池产生。

(4) 细菌分泌粘性沉积物，破坏涂层，造成缝隙或点腐蚀环境及影响缓蚀剂稳定性。

污水、土壤等环境主要腐蚀细菌是硫酸盐还原菌（SRB），约一半以上地下腐蚀和此类细菌活动有关。SRB 有很多种变形，有些类型可以耐较高温度。SRB 腐蚀结果产生含硫化氢恶臭味“黑水”，这一点和铁细菌腐蚀明显不同，铁细菌腐蚀产生含 $Fe(OH)_3$沉淀的“红水”，常发生在热水管道内部。

其他环境也存在微生物腐蚀，如海洋中浮游生物、各种藻类（蓝藻、绿藻、硅藻）等也可造成腐蚀。藻类属于低等植物，含叶绿素，可借助日光能量，利用水中 CO_3^{-2}、HCO_3^{-1} 进行光合作用。藻类生长三大基本条件是：水、空气、阳光，这些在海洋环境中都能满足。此外，牡蛎、藤壶、海蛸、石灰虫、螺旋虫等贝类是引起腐蚀的另一类海洋生物，它们靠分泌物在金属和非金属（如混凝土）表面牢固附着，造成严重缝隙腐蚀。

微生物、细菌腐蚀的防法方法如下：

(1) 使用杀菌剂、抑菌剂。如 2mg/L 铬酸盐可有效杀死 SRB 菌、0.1～1mg/L 氯气可杀死铁细菌、少量铜盐可抑制藻类生长。

(2) 改变温度、pH 值等条件。一般说，温度大于 50℃、pH 值大于 9 就足以抑制细菌生长。

(3) 加某些抗菌覆盖层。如：含铜的、含煤焦油的涂层或聚乙烯涂层。

(4) 施加阴极保护。保护电位控制在 -0.95V（CSE）以下，可防止 SRB 菌的腐蚀。

第七节　高温腐蚀

500～1000℃以上时材料的腐蚀称为高温腐蚀，又称“干腐蚀”，以区别土壤和水环境发生的“湿腐蚀”。多数高温腐蚀为氧化反应（少数为硫化反应），所以高温腐蚀也称高温氧化。

一、高温腐蚀的两个判别准则

1. 反应可能性判别准则

以金属 M 氧化反应为例：$2M + O_2 \rightarrow 2MO$，采用以下准则判别反应倾向（可能性）：

当环境氧分压大于 MO 的分解压时，金属 M 有生成氧化物的倾向；

当环境氧分压小于 MO 的分解压时，金属 M 没有生成氧化物的倾向；

部分金属氧化物在不同温度下的分解压数据见表 5.9。

表 5.9 金属氧化物在各种温度下的分解压①

温度 K	氧化物分解压，10^{-1}MPa					
	Ag_2O	Cu_2O	PbO	NiO	ZnO	FeO
300	8.4×10^{-5}					
400	6.9×10^{-1}					
500	24.9×10	0.56×10^{-30}	3.1×10^{-38}	1.8×10^{-46}	1.3×10^{-68}	
600	360.0	8.0×10^{-24}	9.4×10^{-31}	1.3×10^{-37}	4.6×10^{-56}	5.1×10^{-42}
800		3.7×10^{-16}	2.3×10^{-21}	1.7×10^{-26}	2.4×10^{-40}	9.1×10^{-30}
1000		1.5×10^{-11}	1.1×10^{-15}	8.4×10^{-20}	7.1×10^{-31}	2.0×10^{-22}
1200		2.0×10^{-8}	7.0×10^{-12}	2.6×10^{-15}	1.5×10^{-24}	1.6×10^{-19}
1600		1.8×10^{-4}	4.4×10^{-7}	1.2×10^{-9}	1.4×10^{-16}	2.8×10^{-11}
2000		4.4×10^{-1}	3.7×10^{-4}	9.3×10^{-6}	9.5×10^{-12}	1.6×10^{-7}

①引自：魏宝明，《金属腐蚀理论与应用》，北京：化学工业出版社，1984 年，177 页。

2. 膜保护性判别准则

高温腐蚀时，金属表面生成一层反应产物膜。连续、致密的膜具有较强阻隔能力，有较好保护性，而含裂纹或空洞的膜不具有保护性。高温腐蚀持续进行程度取决于膜的保护性能。膜保护性的判别准则是基于以下假设：

当反应产物体积大于所消耗的金属体积，膜在压缩状态下生成，具有保护性；

当反应产物体积小于所消耗的金属体积，膜在拉伸状态下生成，不具有保护性。

该准则称为 Pilling-Bedworth 准则，简称 *PB* 准则。定义 *PB* 值，并用数学式计算：

当 $PB=\dfrac{Md}{mnD}>1$ 时，可生成保护性膜；

当 $PB=\dfrac{Md}{mnD}<1$ 时，生成非保护性膜。

式中 M，D——膜的相对分子质量和密度；

m，d——金属的相对原子质量和密度；

n——膜分子中含金属原子数，如：FeO 膜，$n=1$；Al_2O_3 膜，$n=2$。

PB 准则和实验事实吻合较好。表 5.10 给出部分氧化物的 *PB* 计算值，表前部氧化物 *PB* 值小于 1，实验证实也缺乏保护性，而后部的保护性较好。WO_3 虽有很高 *PB* 值，但仍无保护性（可能和其高温下的挥发性有关）。所以，*PB* 准则只是生成保护膜的必要条件，不是惟一条件。膜的保护性还与生成和应用时的具体条件有关。

表 5.10 部分氧化物的 *PB* 数值①

氧化物	K_2O	Na_2O	CaO	MgO	Al_2O_3	Ti_2O_3	ZnO	Cr_2O_3	Fe_2O_3	WO_3
PB 值	0.45	0.55	0.64	0.81	1.28	1.48	1.55	2.07	2.14	3.35

①引自：魏宝明，《金属腐蚀理论与应用》，北京：化学工业出版社，1984，179页。

二、高温腐蚀历程和机理

1. 历程

金属高温氧化历程可分三个阶段，其特征归纳成表 5.11。

表 5.11　金属高温氧化的三个阶段

阶段名称	初始阶段	膜生长阶段	膜稳定阶段
反应机理	分子碰撞、氧原子物理吸附和化学吸附	氧原子溶于金属，O 和 M 换位，O 和 M 表面有序化，生成氧化膜	氧化膜生成和分解速度达到平衡（稳定或周期变化）
研究重点	研究不太充分	金属/氧化物界面和氧化物/气相界面的反应	O 和 M 通过氧化膜的扩散过程

2. 研究高温腐蚀机理的著名实验

金属氧化后表面成膜，使金属和氧气环境隔开，高温腐蚀要继续进行只有以下两种途径：

方式一：气相中氧向内穿过氧化膜到达金属表面，反应后新生成氧化物位于膜的内侧，这种氧化方式称为“内氧化”。

方式二：金属以离子形式向外穿过氧化膜，到达外表面和气相中氧发生反应，新生成氧化物位于膜外侧，这种氧化方式称为“外氧化”。

两种氧化过程示意图见图 5.4。

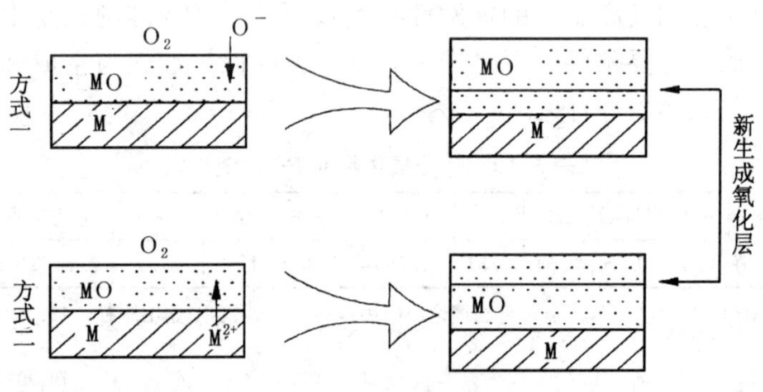

图 5.4　氧化膜生长的两种模式

为研究金属高温腐蚀究竟以何种方式为主，历史上有两个著名实验：

Pfeil 实验：在金属铁（含氧化铁）外表面涂上绿色 Cr_2O_3 标记层，令其继续高温氧化，结果发现新生成氧化铁位于标记层靠气相部分，证实是铁离子，而不是氧，穿过了标记层。

Wagner 实验：在金属银表面重叠放置两片准确称重的 AgS 片（粉末压制），其外片表面和液态硫环境接触，进行高温硫化，经过一定时间后，发现紧靠金属银的 AgS 片重量不变，外边 AgS 片重量增加，其增重和金属银的失重等价。同样证明是银离子穿越 AgS 片。

更多试验表明，除个别金属（Ti）外，多数金属高温氧化以方式二为主。

某些复杂氧化过程可能同时存在这两种方式，例如：铁在570℃以上氧化时，表面膜分为三层，由里到外分别是 FeO，Fe_3O_4，Fe_2O_3。其中 FeO 为 p 型半导体（金属离子不足型），主要靠 Fe^{2+} 导电；Fe_2O_3 为 n 型半导体（金属离子过剩型），主要靠氧离子（O_2^{2-}）传输电流；中间 Fe_3O_4 层兼有两种导电成分，但以 p 型半导体性质为主，其中 Fe^{2+} 承担 80％的电流传输，其余为 O_2^{2-} 传输。其过程示意图见图 5.5。

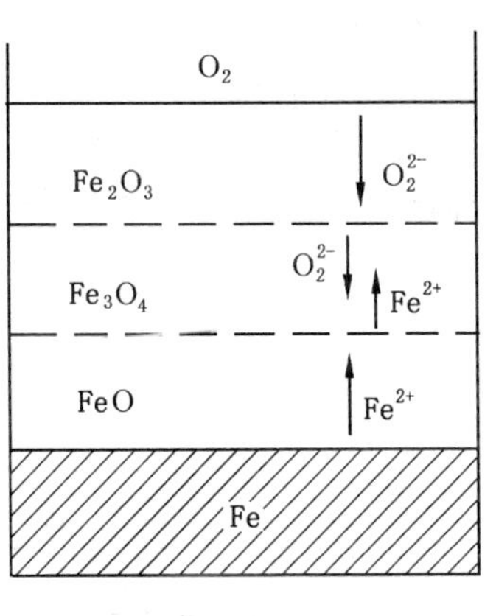

图 5.5　铁高温氧化过程的发展模式

三、高温腐蚀的动力学方程

利用热天平装置可以监测高温下金属腐蚀量随时间的变化，得到膜厚 y 和时间 t 的函数，这种关系称为高温腐蚀的动力学方程。常见方程形式有三类：

（1）线性方程：

$$dy/dt = k \quad 或 \quad y = kt + c$$

反应速度为常数，一般发生在膜的 $PB<1$，表明膜中含较多空隙或裂纹，对环境成分无明显阻挡作用，所以腐蚀速度几乎与膜形成生长过程无关。

（2）抛物线方程：

$$dy/dt = k'/y \quad 或 \quad y^2 = 2k't + c'$$

反应速度和膜厚度成反比，一般发生在膜的 $PB>1$，表明腐蚀速度受膜厚度控制，例如：腐蚀由膜中离子扩散或电子迁移速度所控制的情况。

（3）对数方程：

$$dy/dt = k''/t \quad 或 \quad y = k''\ln(t + c'')$$

反应速度和反应时间成反比，许多金属初期氧化阶段是按此规律发展的；假设膜中带电荷（即：类似溶液双电层，靠金属侧膜中某种电荷占优势），就可推导这个关系式。

此外还提出过：反对数、立方等、混合抛物线等方程形式。其曲线形式见图 5.6。不过也有人认为这些过程可能是前三种基

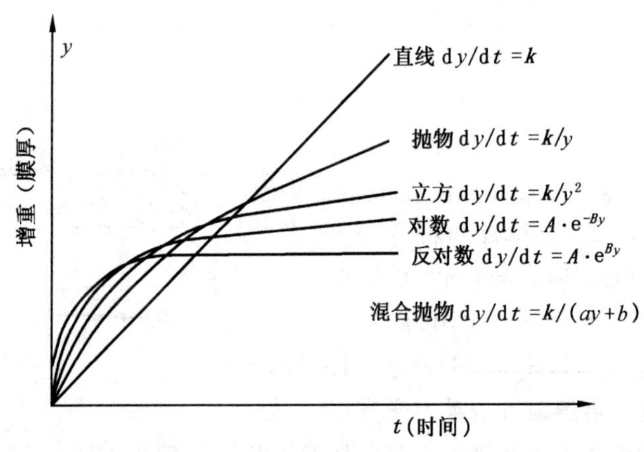

图 5.6　高温腐蚀主要动力学方程图形

本方程组合的多级过程，例如：立方方程可看做由两个对数方

程组成的二级方程。

金属高温氧化动力学方程和氧化历程及膜厚有极大关系，表 5.12 简要总结了动力学方程和膜厚、氧化历程、机理等因素之间的一般联系。

表 5.12　金属氧化动力学方程与膜厚的关系

膜　厚	极　薄　膜		薄　　膜		厚　　膜		
范围，Å	几十至 400		400～5000		>5000		
外观	看不见		可见氧化色泽		肉眼可见		
控制条件	电子迁移控制	离子迁移控制	金属过剩氧化物	金属不足氧化物	$W_R - 0$ W_D 控制	W_R 为常数① $W_D \neq 0$	W_R 为常数① $W_D = 0$①
规律	对数	反对数	抛物线	立方	抛物线	混合抛物线	直线
举例	$Cu \rightarrow Cu_2O$	200℃ Al 氧化	400℃ Al 氧化	400℃ Ni 氧化	Fe 高温氧化	Fe 在水蒸气的氧化	600℃ Mo 氧化

①W_R，W_D 分别代表膜的界面反应阻力和膜内离子扩散阻力。

四、瓦格纳（Wagner）氧化理论

表 5.12 中高温氧化规律并没有全部得到理论解释。但对于厚膜抛物线方程，瓦格纳提出的氧化理论和实验结果比较一致。该理论将氧化膜看做有一定厚度的固体电介质，金属和气体看做两种电极，它们之间存在电子通路和离子通路。氧化量取决于膜中流过的电流（图 5.7）。

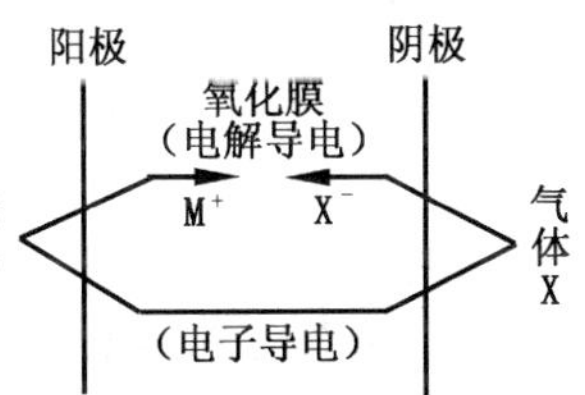

图 5.7　瓦格纳高温氧化模型示意图

假设阳离子、阴离子和电子对传输电流贡献彼此独立，各自平均迁移数为：n_1，n_2，n_3，膜物质平均比电导为 K，膜厚 y，膜电阻等于电子电阻和离子电阻之和，可得下式（注意：$n_1 + n_2 + n_3 = 1$）：

$$R_{总} = R_{电子} + R_{离子} = \frac{y}{AK}\left(\frac{1}{n_3} + \frac{1}{n_1 + n_2}\right) = \frac{y}{AKn_3(n_1 + n_2)}$$

根据欧姆定律和法拉第定律，得到氧化动力学方程：

$$\frac{dy}{dt} = \frac{NI}{FA\rho} = \frac{EN}{R_{总}\ FA\rho} = \frac{ENKn_3(n_1 + n_2)}{F\rho y}$$

式中 I——膜电流 I；

E——根据电位测量或自由能数据计算的膜驱动电池电动势（$E = -\Delta G/2F$）；

N——氧化膜物质的平均克当量（等于平均摩尔分子量除以价数）；

ρ——氧化膜的密度；

F——法拉第常数。

显然，此关系遵循抛物线方程（$dy/dt = k/y$），常数 k 等于：

$$k = \frac{EKNn_3(n_1 + n_2)}{F\rho}$$

理论计算和实际吻合较好。例如，1000℃，反应 $2Cu + O_2 \rightarrow 2Cu_2O$ ：k 计算值：6.6×10^{-9} 克当量/（cm·s）；实测：6.2×10^{-9} 克当量/（cm·s）。这个公式同样可计算硫化过程，如：220℃，反应 $Ag + S \rightarrow Ag_2S$ ：k 计算值：2.4×10^{-6} 克当量/（cm·s），实测：1.6×10^{-6} 克当量/（cm·s）。

五、高温腐蚀事例

（1）热灰腐蚀。热灰腐蚀是高温条件下，发生在以高含钒原油为燃料的锅炉、燃气轮机部件上一种加速腐蚀形式。其特征是氧化产物疏松多孔，腐蚀速度异常高，被称为“灾难性加速氧化”。其原因是钒等元素易生成低熔点氧化物，起助熔剂作用或和金属表面氧化物形成低共熔氧化物，剔除或溶解起保护作用氧化层。如：四氧化三铁熔点高达 1527℃，而 V_2O_5，MoO_3，B_2O_3 的熔点分别只有 658℃，795℃，294℃。实际确实观察到含百分之几 Mo 或 V 或含 0.04%B 的不锈钢在空气中氧化时出现这种加速氧化现象。为避免此类腐蚀，应在低于共熔氧化物熔点温度下使用，或者向油中加钙镁皂、白云石粉等，以提高灰的熔点。

（2）钢表面脱碳。高温条件下，钢铁表面除生成氧化皮外，未氧化钢层发生渗碳体减少的现象，称为“脱碳”。其原因是渗碳体（Fe_3C）中碳和氧或水汽发生化学反应，生成 CO，H_2，CH_4 等。脱碳结果不仅使氧化膜破坏，失去保护性，而且使钢铁表面层转变成铁素体，强度和硬度都大大降低。采取保护气氛或在钢中加入合金元素铝、钨等可以防止和减少脱碳。

（3）钢铁高温氧化。从钢在空气中高温氧化失重—时间曲线可见：

200～300℃，表面开始出现可见氧化膜；

500℃以下，钢铁的氧化速度比较低；

550～650℃，钢铁材料可以连续使用的最高温度区域；

650℃以上，钢铁的氧化速度增大极快。

第八节　电偶腐蚀

一、电偶腐蚀定义和衡量指标

腐蚀环境中异种金属接触导致活性金属加速腐蚀的现象称为电偶腐蚀，又称为双金属腐蚀。电偶腐蚀的严重程度一般可用以下指标来衡量：

（1）电偶驱动力 ΔE。用偶接金属开路电位差表示。电位差越大，电偶腐蚀推动力也越大。

（2）电偶效率 γ。定义为偶接后阳极金属腐蚀速度与该金属未偶接时腐蚀速度的比值。所以，γ 越大，对电偶中阳极腐蚀的加速作用也越大。电偶效率和电偶金属间流动的电偶电流或电偶电流密度有关，但不等同。

二、电偶腐蚀现象解释和基本关系式

前面曾用铜—锌偶接时电位变化来介绍极化现象，并用简化极化图说明，该图实际上假设了铜在该环境无腐蚀，即整个

体系只含两个电极反应（共轭体系）。一般情况下，电偶体系至少存在四个电极反应，现用极化图说明这种一般的电偶腐蚀过程并推导有关公式。

图 5. 8 表示两种金属 M_1 和 M_2（M_1 活性较强）在酸性溶液中电偶连接的极化图。假设它们面积相等，故可用电流密度作坐标。没有偶接前，两种金属在酸中电位都是混合电位（非平衡电位），其阴极反应均为析氢，氢平衡电位取作相同，但不同金属表面的析氢交换电流密度不同。这些阴极线和金属阳极极化线的交点为两种金属的稳定自腐电位 E_{M1} 和 E_{M2}，相应电流为两种金属的自腐蚀电流（图中记为 I_1 和 I_2）。未偶接前两种金属电位差称为开路电位，也就是电偶驱动力。偶接后两种金属处于同一电位，整个体系是含 4 个电极反应的复杂体系，用图解法研究：先分别画出总的阴极电流线和总的阳极电流线。如不考虑介质电阻，偶接后两种金属所处的共同电位可从体系总阴极电流和总阳极电流线交点位置求得，这个电位称为电偶电位 E_g，达到电偶电位时，两种金属之间流动的宏观电流称为电偶电流 I_g。电偶电位位于两个金属开路电位之间，此时，活性强金属阳极极化程度加强，电位由原来的自腐电位 E_{M1} 正向移动到 E_g，其腐蚀速度（阳极电流密度）从原来自然腐蚀速度 I_1 升到 A_1；而活性差金属电位由 E_{M2} 下降到 E_g，阳极电流从 I_2 降到 A_2。所以电偶使活性强金属加速腐蚀、活性差金属减缓腐蚀。

根据以上图解，可做以下讨论。

1. 电偶电位和自腐电位的异同性

电偶电位和自腐电位（如铁在酸腐蚀电位）一样，都属于混合电位。但两者存在许多不同点。铁在酸中腐蚀发生铁表面微阴、阳极的极化，其混合电位为自腐电位，其极化电流属局部电流，阴、阳极面积一般可认为相等，而电偶腐蚀指两个单电极的极化，其混合电位称为电偶电位，电偶电流属于宏观电流，可以测量，而且一般必须考虑阴、阳极面积的影响。从极化图也可以看到，自腐电位是以两个平衡电位出发极化后的交

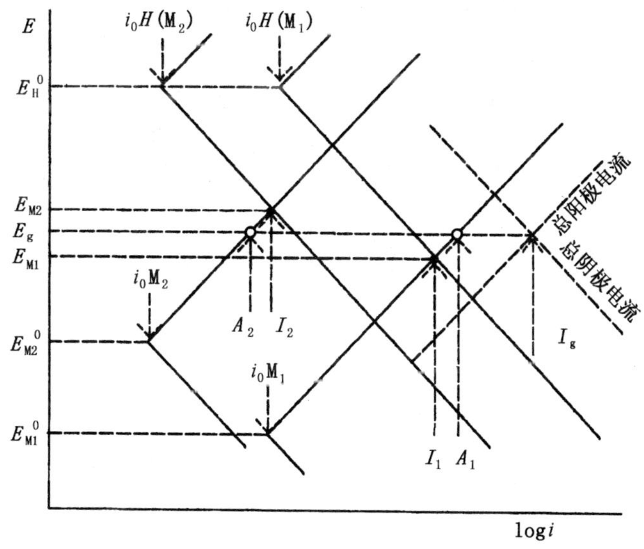

图 5.8 解释电偶腐蚀过程的极化图

点，而电偶电位则是从两个自腐电位出发继续极化后的交点。

2. 电偶电流

从图 5.9 可见，电偶电位下，总阴极电流等于总阳极电流，但这个电流并不是电偶电流。电偶电流定义为两个电极间产生的宏观电流。可用简单图形表示它们的关系（图 5.9）：

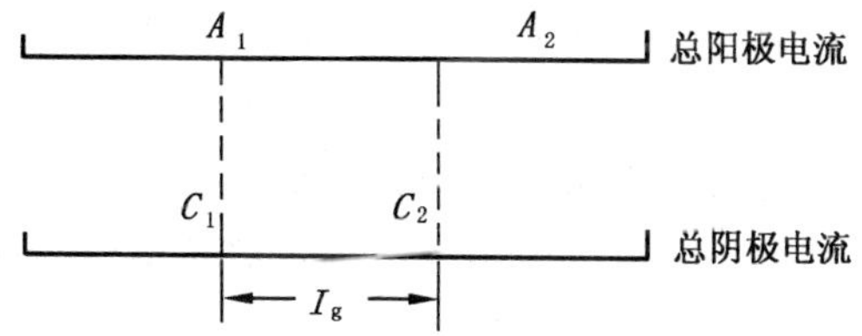

图 5.9 电偶电流的示意图

图中 A_1 代表活性金属 M_1 在电偶平衡时阳极电流，C_1 为相应阴极电流。显然两者不等，其差值表示电极 M_1 上产生了净的阳极电流，它通过导线流向活性差金属 M_1，这个电流就是被测量到的电偶电流 I_g。同样分析 M_2 上产生净阴极电流，其大小也等于 I_g。显然，I_g 既不等于电偶平衡时总电流（A_1+A_2 或 C_1+C_2），也不等于电偶中活性金属 M_1 的腐蚀电流 A_1。一般说，$I_g<A_1$，如果用电偶电流来估计其阳极金属腐蚀，可能会低估其严重性。

电偶电流和电偶中阳极金属的腐蚀电流关系可先从以下两种极端情况考虑：

当电偶电位靠近原阳极开路电位时：偶接后 M_1 上阴极电流 C_1 近似看做其自腐蚀电位时的阴极电流（也等于其阳极电流，即偶接前腐蚀电流 I_1）。$I_g=A_1-C_1=A_1-I_1$。

当电偶电位远离原阳极开路电位时，C_1 可忽略，方可近似认为：$I_g=A_1$。

3. 电偶效率 γ

电偶效率定义为电偶中阳极金属的腐蚀加速倍率，根据上述电偶电流近似关系式，可知：

当电偶电位靠近原阳极开路电位时：$\gamma\approx A_1/I_1=1+(I_g/I_1)$

当电偶电位远离阳极开路电位时：$\gamma\approx I_g/I_1$

一般情况下，γ 应位于以上两个值之间。

4. 电偶面积的影响

当偶接的两种金属面积不等时，图 5.9 必须用电流代替电流密度为坐标，只有电流坐标交点才具有意义，但计算金属腐蚀速度时又必须考虑电极面积，换算成电流密度。电偶腐蚀中面积影响较复杂，以下仅介绍阴极受扩散控制情况下的公式❶，如土壤中电偶腐蚀。

$$i_a=i_g\cdot(1+k)$$

---

❶ 引自：宋诗哲，《腐蚀电化学研究方法》，北京：化学工业出版社，1988 年，195 页。

$$e_g = e_{corr} - b \cdot \lg(k)$$

式中，k 代表阳极面积和阴极面积的比值，b 代表电偶对的金属阳极塔菲尔系数。

三、电偶腐蚀的影响因素

（1）电偶电位差（$\Delta E = Ec - Ea$）：和偶接金属及所处环境有关。ΔE 越大，电偶作用越强；

（2）极化作用：不管是阴极还是阳极，极化率越大，电偶电流均会减小。

例如：不锈钢阴极极化率大于铜，当它们分别和 Al 偶接时，前者产生电偶电流远小于 Al－Cu 电偶电流。又如：低合金钢阳极极化率大于碳钢，在海水中它们都受氧扩散控制，腐蚀速度几乎相等，但腐蚀电位不同。如在海水中将它们偶接，碳钢将为阳极，腐蚀增大。

（3）阳极金属性质：电偶对的阳极金属发生阳极极化，一般金属随阳极极化量增大而腐蚀加速，但钝化金属可能反而因阳极极化量增大而导致钝化（腐蚀下降）。这种特殊情况下，电偶效率可能会小于 1。

（4）阴、阳极面积比：电偶的总阴极电流始终等于总阳极电流，$I_c = I_a$。而电偶中阳极腐蚀速度由阳极电流密度决定。有实验表明电偶中阳极腐蚀速度几乎随阴极对阳极面积比（上式中的 $1/k$）线性增加。其解释是：如果为析氢腐蚀，阴极相对面积越大，阴极电流密度越小，阴极上氢过电位也越小，使析氢速度增大，对应的阳极腐蚀速度也增大；如果是耗氧腐蚀，则大的阴极面积有利于更多溶解氧到达阴极表面还原，扩散电流增加，同样也导致阳极的加速腐蚀（溶解）。生产实践中总结了一条电偶腐蚀重要规律：尽量避免“大阴极—小阳极”格局。例如：铜板上铆铁钉就属这种结构，在电解质溶液中很短时间内就会使作为阳极的铁钉腐蚀破坏。而相反，铁板上铜铆钉结构则比较安全，两种金属均无明显的腐蚀加速作用。

（5）介质电阻：介质电阻对电偶腐蚀有两种完全相反的作

用：一方面，介质电阻增加，按公式计算表明电偶电流减小；另一方面，电阻增大使电偶有效作用距离减小，相当于电偶腐蚀将发生在面积更小范围，可能产生严重点蚀。一般说，靠环境电阻增加控制电偶腐蚀是不可靠的。如：介质电阻较大的大气或软水环境，电偶作用只有几厘米，阳极集中在接触点附近，造成严重点蚀。除非采用涂层、绝缘等方法加大电阻，才有可能有效地抑制电偶腐蚀。

四、电偶腐蚀防治

（1）选材上尽量采用电偶序表中较接近的异种金属进行接触组合；

（2）避免“大阴极—小阳极”的模式；

（3）不同金属部件间加绝缘件，切断它们之间的电性连接；

（4）对电偶阴、阳极均用涂层或表面处理（如：钢的“发蓝”、铝的表面氧化），使电阻增大到足以使电偶电流无实际危害作用的程度；

（5）阴极保护（外电流或牺牲阳极），使电偶对两种金属均处于相同的阴极电位。

第九节　点蚀和缝隙腐蚀

一、点蚀基本特征

习惯上将深度大于或等于孔径的腐蚀坑称为蚀点，以蚀点为特征的腐蚀称为点蚀，也称孔蚀、小孔腐蚀等。它是常见的局部腐蚀。该腐蚀具有以下一般特征：

易发生在有自钝化倾向的金属表面：蚀孔小且深（孔径只有数十微米）；在表面有一定分布（蚀点密度）；孔口多有腐蚀产物覆盖；蚀孔出现一般需经历一个诱导期，时间从几小时到数年不等；蚀孔常沿重力方向或横向发展，且具有“深挖”的倾向。

点蚀产生有三个阶段：点蚀“源”形成、活化—钝化腐蚀电池、闭塞电池形成。具体为：

（1）钝化金属表面处于钝化膜溶解和修复的动平衡。介质中活性阴离子（如氯离子）和钝化所需含氧粒子竞争吸附，使得某些位置钝化膜溶解速度占优势，露出基体金属成为点蚀“核”，又称“活性点”。蚀核往往位于在金属表面局部缺陷，如：伤痕、露头、位错或内部夹杂、晶界异相沉积等特定部位。蚀核产生后可能被再次钝化，此时蚀核不再长大，如果再钝化阻力较大时，蚀核会继续长大直至临界尺寸（30μm），变成宏观的“蚀源”。

（2）蚀源形成后，孔内金属处于活化态，电位较负，孔外金属处于钝态，电位较正。于是孔内外构成活化—钝化微腐蚀电池，电池具有大阴极—小阳极面积比，使得微阳极上电流密度很大，蚀孔不断加深，而孔外金属受到阴极保护，维持钝态。

（3）随着蚀孔加深，阴、阳极位置越分越开，活化—钝化电池作用减弱。所以，像碳钢这类材料的点蚀发展到一定深度就停止，而代之以新蚀源形成。但是像不锈钢材料，蚀点可能不断“深挖”，原因是形成“闭塞电池”：由于腐蚀产物不断堆积孔口，孔内介质处于滞流状态，溶解氧不易扩散进来，金属离子也不易扩散出去，只有体积最小的氯离子迁入孔内以维持电平衡。孔内氯化物浓度不断增大，它们水解后使孔内 pH 值下降，而孔口 pH 值升高，引起结垢，垢层与锈层沉积封堵孔口，形成“闭塞电池”，使孔内、外物质交换更加困难。孔内高浓度氯化物和低 pH 值环境的强腐蚀性，使蚀孔不断深挖。有人实际测定 Cr18Ni12Mo2Ti 不锈钢的蚀孔，发现孔内氯离子浓度达 6～12N，pH 值低到等于零。

二、点蚀影响因素和防治

影响点蚀的因素有：

（1）材料种类：自钝化材料容易产生孔蚀；

（2）材料表面状态：不光滑、不清洁表面容易产生孔蚀；

（3）环境介质成分：蚀核主要激发剂是氯离子。氯离子浓度增大，点蚀更容易发生。Uhlig 等人确定点蚀电位 E_b 和氯离子活度（Cl^-）存在如下关系式：$E_b = a - b \times \log(Cl^-)$

（4）pH 值：碱性介质中，pH 值越高，点蚀电位越正，点蚀越不容易发生；酸性介质中，影响不太明显，有人认为没有作用，但有人认为随 pH 值增高，点蚀电位略变正。

（5）温度：介质温度升高，点蚀电位明显降低，使点蚀加速。

（6）流速：静止介质中容易发生点蚀，加大流速（仍处于层流状态）有利氧输送和钝化膜建立，可降低点蚀几率。但如果流速达到湍流程度，会引起磨损腐蚀、冲击腐蚀等。

点蚀的防治方法主要有：

（1）选用耐点蚀合金。如：不锈钢中加入钼、氮、硅等元素，或采用高铬与高钼结合，可得到耐点蚀的三类不锈钢：铁素体钢、铁素体—奥氏体双相钢和奥氏体不锈钢。

（2）尽量减低环境中卤素离子（以氯和溴为主）的浓度。

（3）加缓蚀剂。例如，亚硝酸盐可有效降低不锈钢在含氯离子溶液中的点蚀，但亚硝酸盐浓度必须达到一定浓度，一般只在循环系统中采用。

（4）化学保护。使金属电位降到点蚀电位以下、致钝电位以上，可控制点蚀发生。

三、缝隙腐蚀基本特征

腐蚀环境中，因金属部件与其他部件（金属或非金属）间存在间隙，引起缝隙内金属加速腐蚀的现象称为缝隙腐蚀。

工程上造成缝隙机会很多，如：法兰连接面、螺母压紧面及各种沉积物或异物在金属表面的覆盖都会造成缝隙。

缝隙腐蚀有以下特征：

腐蚀只发生在缝隙内，而缝外金属则受保护。造成缝隙腐蚀的缝宽度在 0.025～0.1mm，此时缝隙内介质处于滞留状态，过宽或过窄缝隙的腐蚀均较轻。构成缝隙的材料无特殊性，金属或非金属缝隙均会对金属产生缝隙腐蚀。缝隙环境介质无特殊性，中性及酸性介质均会发生，但以充气、中性介质较严重。对被危害金属无特殊性，从惰性的银、金到活性的铝、钛及钝态不锈钢均会发生，但以钝态金属较严重。

对缝隙腐蚀的研究深度和广度不及点蚀研究。目前对其发生机理尚在探索之中。过去常用氧浓差电池解释，近年采用人工模拟缝隙研究表明，用闭塞电池解释或许更好。

缝隙腐蚀开始时氧浓差腐蚀电池确实起着作用，缝隙内腐蚀消耗氧气造成氧的匮乏，和缝外供氧充分表面形成氧浓差电池。缝内是阳极，缝外是阴极，缝内金属加速腐蚀。但缝隙腐蚀的发展是从形成闭塞电池开始，由于二次腐蚀产物阻塞缝隙口，使缝隙内金属离子难以扩散到缝隙外，缝内正电荷积累促使缝外氯离子内迁，如同在孔蚀中介绍过酸化自催化作用造成缝隙中金属表面严重腐蚀。所以氧浓差电池只对腐蚀开始起促进作用，缝隙腐蚀深化和扩展是闭塞电池形成后的酸化自催化作用。

四、缝隙腐蚀的影响因素和防治

缝隙腐蚀的影响因素有：

（1）材质：构成缝隙的材料无特殊性，金属、非金属、高分子材料、复合材料均可产生缝隙腐蚀。几乎所有金属或合金都受缝隙腐蚀，但易钝化金属最敏感，危害也较大。

（2）介质：酸性、中性等介质都会发生，但以中性、含气和含氯化物介质最为严重。氯离子浓度超过 0.1%，溶解氧浓度超过 0.5mg/L 时就可能引起缝隙腐蚀。

（3）缝隙宽度：以 0.025～0.1mm 时最容易发生。大于 0.1mm，肉眼可见缝隙，因缝内介质不滞留，不会发生缝隙腐蚀；同样过小缝隙，无法渗入溶液，也不发生缝隙腐蚀。

（4）温度：一般温度越高，缝隙腐蚀的危险性也越大。

缝隙腐蚀的防治方法有：

（1）设计上尽量采用无缝隙结构，如：用对焊来代替铆接或螺栓连接方法。

（2）如缝隙无法避免，可用填料充填缝隙或对缝隙内妥善排流，防止积液。

（3）经常清洁金属表面，防止表面污垢或异物沉积造成的缝隙。

（4）螺母连接的垫圈不宜采用石棉、纸质等吸湿性材料，最好用不吸潮的聚四氟乙烯。

（5）高钼铬镍不锈钢及哈氏合金耐缝隙腐蚀性较好，但目前尚无专用耐缝隙腐蚀合金。

（6）电化学保护方法，电位控制在低于点蚀电位、高于致钝电位。

五、缝隙腐蚀和点蚀的比较

缝隙腐蚀和点蚀有许多相似之处，尤其两者都存在初期氧浓差腐蚀电池，后期闭塞电池的发展阶段，所以也有人将点蚀看做是以蚀点为缝隙的缝隙腐蚀，但实际上两种腐蚀可能存在机理上的不少差别。表 5.13 归纳了其中一些主要差异。

表 5.13　缝隙腐蚀和点蚀的比较

	缝 隙 腐 蚀	点　　蚀
腐蚀形态	蚀坑相对广而浅	蚀孔窄而深
闭塞电池	很快形成，闭塞程度小	腐蚀后逐渐形成，闭塞程度大
腐蚀起源	金属表面缝隙	金属表面蚀核（活性点）
腐蚀环境	无特定的要求	必须含有活性阴离子（Cl^- 等）
腐蚀对象	任何金属或合金	自钝化金属或合金
临界电位	一般低于点蚀的临界电位	一般高于缝隙发生的电位
发生几率	较大	比缝隙腐蚀低一些

六、丝状腐蚀简介

丝状腐蚀是发生在有机涂层下一种特殊的膜下腐蚀，其腐蚀产物形成许多弯弯曲曲线状细丝，故称为丝状腐蚀。有些书籍将它看做膜下腐蚀或特殊缝隙腐蚀。在不同种类油漆以及钢、锌、铝、镒、镀铬镍等金属表面上都已观察到这类腐蚀。例如，钢表面丝线为红色，宽度0.1～0.5mm，具有Fe_2O_3性质。丝线头部为蓝色或绿色，表明有亚铁离子存在，线以每天约0.4mm速度按随机方向生长，从不彼此相交。只有在高湿度环境（相对湿度65%～95%）和较易渗透的膜下才出现丝状腐蚀，当湿度达到100%时，丝线加宽，形成鼓泡；当膜渗透性很差，如：石蜡等，这类腐蚀不会出现。

丝状腐蚀和光线、钢冶金因素和细菌等因素都无关。其机理可能和差异电池有关。线头部由较浓亚铁盐溶液组成，易吸收大气中水分，线头周围较高氧浓度和线头中央的低氧浓度形成充气差异电池，线头底部金属的腐蚀，释放出OH^-聚集后的碱性造成有机涂层不断和金属剥离，使线头得以不断前进。磷酸盐表面处理和含铬酸盐的底漆层可以减缓丝状腐蚀，但并不能防止它们发生。彻底的预防方法至今尚未发现。

第十节　晶间腐蚀和选择性腐蚀

一、晶间腐蚀基本特征和规律

不锈钢等易钝化材料在经历不恰当热处理后，在腐蚀环境下其晶界首先遭受腐蚀，导致合金强度灾难性下降的腐蚀现象称为晶间腐蚀。

晶间腐蚀有以下特点：

（1）存在特定敏化温度区：在该温度卜经历一定时间后，合金就变得对晶间腐蚀十分敏感。敏化区中心温度处所需敏化时间较短，边缘处时间较长，形成特殊“C”型时间—温度曲线。一种含镍不锈钢敏化温度—时间曲线见图5.10。敏化区中心温度750℃加热几分钟造成损伤相当于在较低（或较高）温度下加热数小时。

（2）不同合金的敏化温度区有很大差异。如：奥氏体不锈钢敏化温度为400～850℃；铁素体钢敏化温度位于925℃以上。

（3）敏化的合金经历某种热处理后可恢复对晶间腐蚀抵抗能力，这类处理称为“脱敏”。例如，将敏化奥氏体不锈钢加热到1050～1100℃以上，然后快速冷却通过其敏化温度区，就可恢复合金抗晶间腐蚀性能；使敏化铁素体不锈钢“脱敏”更加容易，只需加热到650～815℃，保持10～60min，然后冷却即可。

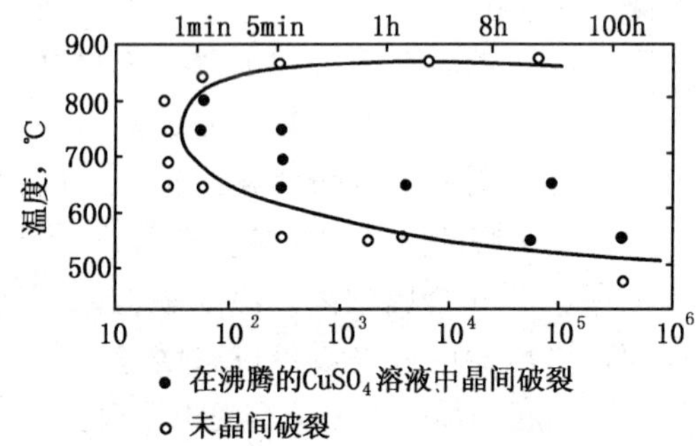

图5.10　晶间腐蚀的温度—时间曲线

晶间腐蚀现象很好解释不锈钢焊接时的焊缝腐蚀。奥氏体不锈钢焊缝腐蚀出现在离焊缝几毫米母材上，因为该处焊接时温度正好位于敏化区（400～850℃），而焊缝本身已超过敏化温度；铁素体不锈钢焊缝腐蚀出现在焊缝本身，只有该处温度才可能达到其敏化温度（925℃以上）。表5.14将这两种不锈钢晶间腐蚀特点作简单对比。

表5.14　奥氏体和铁素体不锈钢的晶间腐蚀特点

	奥氏体不锈钢	铁素体不锈钢
敏化温度	400～850℃	925℃以上
脱敏方法	1050～1100℃以上，快速冷却	650～815℃，保持10～60min
焊缝腐蚀	离焊缝几毫米的母材上	焊缝本身

除了不锈钢外，像钛、镍等非敏化型合金在强氧化环境下也会发生晶间腐蚀。

二、晶间腐蚀产生原因

晶间腐蚀的流行解释认为：晶间腐蚀是因不恰当热处理过程中某些特定杂质积聚在晶界造成的。如对不锈钢晶间腐蚀提出“贫铬理论”：在敏化温度下，不锈钢内的碳快速扩散到晶界，并在那儿优先和铬结合，形成碳化铬沉淀，这个反应消耗了晶界合金中铬，使其低于保持钝化所必需的12%量，于是晶界变成活化，而晶体仍维持钝化。这种敏化的材料一旦处于腐蚀环境，形成“小阳极、大阴极”危险格局，使晶界很快腐蚀。这个理论很好地解释了敏化温度和时间关系（碳扩散到晶界所需条件和时间）以及“脱敏”现象（该条件下，铬重新扩散到贫铬区）。近代分析方法也确证敏化不锈钢晶界处铬含量低于其他区域的事实。

应当注意，材料敏化是腐蚀的前提，但不等于腐蚀。敏化的材料只有遇到腐蚀环境才发生晶间腐蚀。所以敏化的材料可以脱敏，恢复正常，而腐蚀是不可恢复的。

三、晶间腐蚀防治途径

（1）降低不锈钢碳含量，虽然这需要付出较高代价。碳含量低于0.03%的商品合金一般在其型号后加字母L，如304L，306L。它们可减轻晶间腐蚀，但不能完全避免；

（2）添加钛或铌，这类元素具有和碳强烈亲和力，使得碳无法扩散到晶界或到了晶界优先和它们结合，减少铬被沉淀可能。这类方法得到的合金称为稳定化品种，如：321，347，348等牌号不锈钢，它们在900℃加热数小时，生成稳定的钛或铌碳化物，从而提高材料抗晶界腐蚀能力。不锈钢焊条经常加铌而不是钛，因为后者高温下容易挥发。

（3）用适当脱敏热处理，尤其对铁素体不锈钢，这十分容易做到，如上面已经提过。

四、选择性腐蚀

特定条件下，多组分合金材料中某些组分优先被腐蚀的现象称为选择性腐蚀。

例如，像Cu—Au、Ag—Au、Cu—Al等合金在一定腐蚀条件下，其相对活泼成分优先被腐蚀，留下残余成分遗骸，这类选择性腐蚀常称为局部溶出。其中研究最多的是黄铜（Cu-Zn合金）的脱锌腐蚀。在海水或热交换系统中黄铜中锌组分优先腐蚀，留下以铜为主残骸，腐蚀后合金外形无大的变化，只是失去表面光泽，但是其抗拉强度严重下降，稍加压力就可能立即破裂。发生在局部表面的脱锌腐蚀称为“塞”状脱锌，造成局部穿孔；如发生在整个表面的称为“层”状脱锌，使合金表面一层一层剥落。

另一个选择性腐蚀例子是灰铸铁的石墨腐蚀。灰铸铁中石墨以网络形状分布在铁素体内，在高矿化度盐水、土壤（含硫酸盐土壤最严重）或稀酸溶液中，铁组分优先腐蚀，留下石墨沉积在铸铁表面，此时，铸铁失去强度，而且石墨相对铸铁为阴极，加速铁的腐蚀。

第十一节　应力腐蚀开裂

一、应力腐蚀发生条件和特征

应力腐蚀开裂是一种在拉伸应力和腐蚀环境共同作用下产生的、以裂纹生长和脆性断裂为特征的局部腐蚀形式，英文缩写为SCC。应力腐蚀发生的三个基本要素是：

（1）固定的拉伸应力；（2）敏感的材料；（3）特定的环境。

这三个条件都齐备才可能发生应力腐蚀。具体说，只有固定拉伸应力诱发SCC，而压缩应力不起作用，交变应力导致腐蚀疲劳（见下节）。敏感材料和特定环境往往是配对存在。历史上对这些特殊的材料—环境组合产生的脆性断裂起了各种专门名称，见表5.15。

表 5.15　产生 SCC 的某些特定材料—环境组合

敏感材料	特定腐蚀环境	历史上名称
软钢	NaOH、硝酸盐、$Ca(NO_3)_2 + Na_2SiO_3$	碱脆、硝脆
碳钢和低合金钢	42%$MgCl_2$、氢氟酸	
奥氏体不锈钢	氯化物水溶液、高温高压蒸馏水	氯脆
铜和铜合金	氨蒸气、汞盐溶液、含 SO_2 的大气	氨脆
镍和镍合金	NaOH 溶液	
铝合金	熔融 NaCl、海水、水蒸气、含 SO_2 大气	
铅	醋酸铅溶液	

从电化学角度，这种特定组合代表着 SCC 只出现在材料的特殊电位，称为 SCC 敏感电位。根据大量资料，Staehle 发现，金属在腐蚀介质中反应动力学阳极极化曲线上存在三个易产生 SCC 的电位区，分别相当于自然腐蚀电位附近、活化—钝化电位附近和钝化—过钝化电位附近。在过度阴极保护电位条件下，也可能破裂，但其机制可能属于氢开裂，不一定是 SCC，示意图见图 5.11。

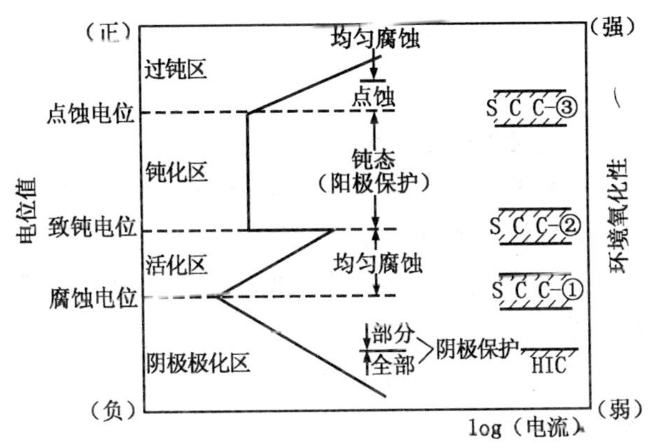

图 5.11　应力腐蚀敏感电位区示意图

表 5.16 给出某些材料 SCC 敏感电位区下限（临界电位值，

电位正于此值时发生 SCC)。

表 5.16　某些材料 SCC 临界电位值

金　属	环　境	临界 SCC 电位，V（SHE）
18－8 不锈钢（1050℃水淬冷）	$MgCl_2$ 溶液，130℃ $MgBr_2$ 溶液，154℃	－0.128 －0.04
18－8 不锈钢（冷轧 36%）	$MgCl_2$ 溶液，130℃	－0.145
Al（5.5%）—Zn（2.5%）—Mg	0.5M NaCl，室温	－1.11
软钢	$Ca(NO_3)_2 + NH_4NO_3$，110℃	－0.055
63%Cu－37%Zn（黄铜）	$(NH_4)_2SO_4 + CuSO_4$，pH＝6.5	＋0.095（室温）

应力腐蚀过程一般经历以下两个阶段：

（1）表面裂纹出现和发展阶段。

由表及里发生在最大拉伸应力垂直面上，分支状（穿晶、晶间或混合裂纹均有可能）。

（2）断面破裂阶段。

断口为脆性断裂（扫描电镜下呈河流状），无任何塑性变形特征。

二、应力腐蚀的发生机理

至今尚无普遍公认理论用来解释应力腐蚀，历史上曾提过十几种解释，较流行的有：

（1）阳极溶解理论：认为阳极溶解起控制作用，如用来解释黄铜的氨脆。

（2）氢脆理论：认为腐蚀产生的氢原子进入金属，导致脆化。如钢的硫化物开裂。

（3）吸附理论：认为特殊离子在材料表面吸附，降低表面能导致开裂。如：钛、黄铜在液汞中的破裂、塑料在有机溶液中的开裂、玻璃在水中的开裂等。

三、应力腐蚀的影响因素和防治

1. 应力

存在一个临界应力 K，低于此应力，裂纹不会明显生长。或者说，存在一个临界裂纹深度 F，当裂纹超过此深度，裂纹才会明显地生长。

2. 材质

纯金属很少发生 SCC，二元或多元合金对 SCC 较敏感。合金元素有不同影响，如：1Cr18 不锈钢含镍越高，抗 SCC 能力越强。但是中碳钢含碳量越高，抗 SCC 能力越低，含碳 0.12% 钢对 SCC 最敏感。

3. 介质

水解为酸性的氯化物均能引起奥氏体不锈钢应力腐蚀，其中以 $MgCl_2$ 溶液作用最强烈；此外，pH 值越低，断裂时间越短；高浓度沸腾 $MgCl_2$ 溶液中无须溶解氧存在就能发生 SCC，但低浓度、中性氯化物溶液中溶解氧对 SCC 确实起重要作用。

4. 温度

多数金属发生 SCC 温度不太高，在 100℃ 左右。破裂前一般存在一个最小温度，称为临界破裂温度。温度低于此临界值，材料不会破裂；温度越高，破裂时间越短。图 5.12 给出含碳 0.09% 碳钢在 35% NaOH 溶液中破断时间和温度、外应力关系。

四、应力腐蚀的防治方法

1. 选材

碳钢对 SCC 不敏感，双相不锈钢也有较好的抗 SCC 能力。

2. 控制应力

设计、制造、加工中使残余应力降到最小或用热处理减少应力集中。

3. 改变环境

降低介质腐蚀性，破坏特定的材料—环境组合，减少有害的腐蚀成分。

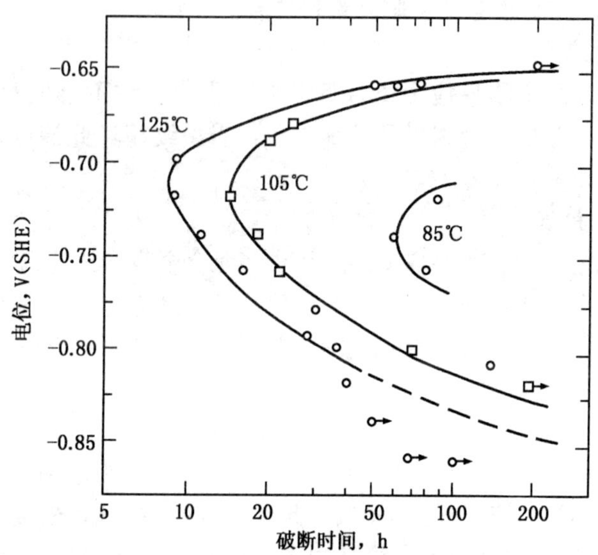

图 5.12　温度对应力腐蚀破裂时间的影响

（引自：［美］H. H. Uhlig 著，翁永基译，

《腐蚀及腐蚀控制》，北京：石油工业出版社，1995 年，164 页）

4. 电化学保护

使材料电位正移或负移，以避开 SCC 的敏感电位区。

第十二节　腐蚀疲劳

一、腐蚀疲劳发生条件和基本特征

材料在交变应力和强腐蚀性环境共同作用下产生的脆性断裂称为腐蚀疲劳或疲劳腐蚀。

腐蚀疲劳造成的破坏比单纯交变应力造成的纯疲劳破坏和无应力的纯腐蚀破坏都严重，一般也比它们两者之和更大。严格说，材料在真空中疲劳才算真正纯疲劳，但实际工作中常把干燥空气中疲劳近似看做纯疲劳，其他腐蚀环境的疲劳称为腐蚀疲劳。疲劳极限是指在空气中、很大循环周期（如 10^7 次）下仍不出现疲劳裂纹时的应力大小（振幅）。

腐蚀疲劳具有以下主要特征：

(1) 腐蚀疲劳的应力振幅—循环周期曲线，俗称 S—N 曲线，不存在疲劳极限，即再低应力也可能引发开裂。这是它和纯疲劳 S—N 曲线的最大区别。图 5.13 显示各种 S—N 曲线。

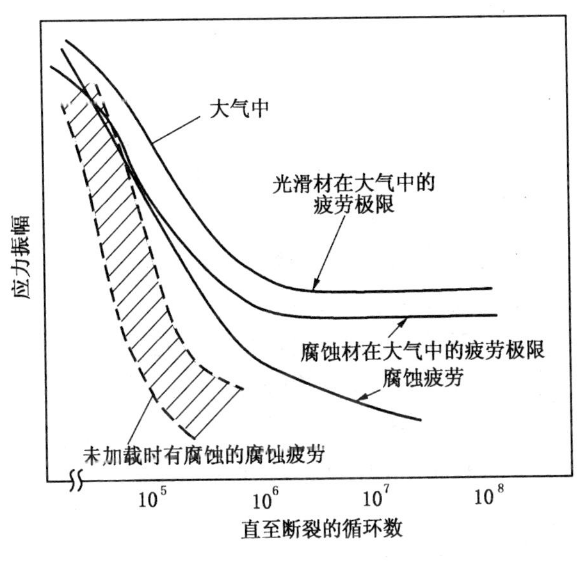

图 5.13 材料 S—N 曲线

(2) 和应力腐蚀不同的是纯金属也会发生腐蚀疲劳，此外也不存在特定材料—环境组合。只要有腐蚀环境，再加上交变应力条件就可能产生腐蚀疲劳。

(3) 裂纹一般起源于表面腐蚀坑或缺陷，成群出现，主要为穿晶裂纹。

(4) 腐蚀疲劳断口既有腐蚀特征（腐蚀坑、腐蚀产物、二次裂纹等），又有疲劳特征（疲劳辉纹等）。

二、解释腐蚀疲劳的模型

目前主要有两种：

（1）蚀点应力集中模型。假设腐蚀疲劳由如下过程产生：局部点蚀→形成台阶→台阶溶解、生成新表面→滑移形成裂纹。

（2）滑移带优先溶解模型。认为过程如下：产生驻留滑移带→挤出、挤入处因高位错密度而优先腐蚀→形成裂纹形核→交变应力下裂纹不断扩展。

三、疲劳腐蚀的影响因素

（1）介质腐蚀性越强、材料腐蚀疲劳强度也越低，越容易发生腐蚀疲劳。

（2）交变应力频率处于某中间范围时，腐蚀疲劳表现最明显。频率过高，腐蚀影响不显著，表现类似纯疲劳；频率过低，类似静应力，表现为应力腐蚀开裂。

（3）应力加载方式对腐蚀疲劳的影响，由大到小排列是：扭转疲劳＞旋转疲劳＞弯曲疲劳＞拉压疲劳。

（4）温度升高时，材料抗腐蚀疲劳的能力一般会下降。

（5）材料耐蚀性越强，对腐蚀疲劳越不敏感。组织结构对碳钢、低合金钢腐蚀疲劳行为影响不大，但对不锈钢影响较大，细化晶粒有利材料抵抗腐蚀疲劳。材料表面残余压应力有利减轻腐蚀疲劳。

四、腐蚀疲劳防治方法

（1）降低环境腐蚀性。这是减轻腐蚀疲劳的有效途径。例如：加表面涂层（钢丝镀锌后明显改善了在海水中抗腐蚀疲劳能力）、使用缓蚀剂（添加重铬酸钾可提高碳钢在盐水中抗腐蚀疲劳能力）、使用阴极保护［只有当环境腐蚀性超过某临界最低腐蚀速度才会影响其疲劳寿命。如：钢临界最低腐蚀速度为0.58gmd。钢在含空气水和3％NaCl溶液中腐蚀速度约在1～10gmd，为防止钢在这些环境中发生腐蚀疲劳，只需施加－0.49V（SHE)阴极保护电位，使腐蚀速度降到0.58gmd以下，而不需用更低的－0.51V保护电位使腐蚀速度降为零］。

(2) 提高材料抗腐蚀疲劳能力。措施有：合理选材、提高材料表面光洁度、表面氮化，喷丸，淬火等提供预留压应力。

(3) 改进使用条件。如：设计上减轻振动、共振或应力集中等，均可减轻腐蚀疲劳。

第十三节　运动造成的腐蚀

运动介质和腐蚀环境共同作用可能引起复杂的腐蚀现象。例如：气体、液体、含悬浮颗粒或含气泡液体、其他固体等介质相对于工件表面作相对运动，尤其是高速运动，在机械力和电化学共同作用下会产生一系列特定腐蚀。按运动介质不同，有不同腐蚀术语（表 5. 17）。

表 5. 17　运动介质造成腐蚀的术语名称

运动介质	高速液体	含固体微粒的液体	含气泡的高速液体	另一种固体
腐蚀名称	湍流腐蚀	磨粒磨损、冲蚀	气蚀、空泡腐蚀	微振腐蚀

以下择其部分腐蚀类型作简单介绍。

一、湍流腐蚀

液体流速超过 2300*Re*（雷诺数）时，呈湍流状态。此时金属表面的静止液体层被击穿破坏，在材料表面造成切应力，剥除表面保护膜。这种腐蚀形式好发生在管道截面突变部位，如：管内有突出物、沉积堆积处或容器出入口处等。腐蚀形貌一般为：凹谷、马蹄形，形状与流动方向明显相关，表面光亮、无腐蚀产物。

二、磨粒磨损、冲蚀

由液滴或固体粒子对金属表面高速冲击造成的机械损伤和介质腐蚀作用共同造成的。易发生在输送含固体微粒液体的管道弯头、U 形换热器拐弯处。表现为：管壁迅速减薄、穿孔。

低速时，腐蚀作用明显，用阴极保护方法可减轻冲蚀。高速流体冲蚀主要为机械破坏作用，阴极保护作用甚微。作者实验室曾研究含固体沙粒的油田水（高矿化盐水）对管道钢腐蚀磨损，发现在多数条件下，腐蚀和磨损均存在明显交互增强作用，尤其当纯腐蚀和纯磨损作用都处于某个适中范围时，交互作用最大可达材料损失总量的90%～95%，即相当于纯腐蚀量和纯磨损量之和的9～19倍。在管道液体流速范围内（小于3m/s），控制介质腐蚀性（如加缓蚀剂）可显著降低这种交互作用，从而减轻腐蚀磨损的总量。

三、气蚀

流动液体中气体在金属表面形成气泡，并不断产生和破灭，导致材料表面粗化，最终丧失使用性能。这种腐蚀又称为：腐蚀空化或穴蚀。常发生在含气液体高速流经形状复杂表面，或液体压强明显变化的部位，如：泵、叶轮、螺旋桨等部件表面。腐蚀形态一般为成片的麻点或蚀孔。

四、微振腐蚀

定义为两个承载的、互相接触的固体表面，由于相对震动或往复滑动所造成的一种破坏形式。又称为：微动磨损、摩振腐蚀或伪布氏压痕等。常出现在受震动的轴承、螺纹连接处；齿轮的齿面等部位，其发生环境可以为大气或非水溶液（如油类）等。在金属承载面出现麻点或沟纹，其周围常有腐蚀产物。这种腐蚀导致连接件松动，并可能诱发腐蚀疲劳。钴基合金有较好耐微振腐蚀性能，使用润滑剂等也可减轻这类腐蚀。

第十四节　氢　腐　蚀

一、氢腐蚀基本类型

由于氢原子渗入金属内部而造成的材料强度损伤统称为氢腐蚀。氢原子来源有两种：

(1) 来自冶炼、酸洗、电镀、焊接等过程，产生后滞留金属内，称为内氢；

（2）来自与含氢物质环境接触或腐蚀过程产生，并被金属吸收，称为外氢。

氢原子进入金属可能造成各种不同形式腐蚀。表 5.18 简要归纳三种基本氢腐蚀的类型、发生条件、机理和腐蚀形态。

表 5.18　氢腐蚀基本类型及特征

腐蚀类型	可逆氢损伤	不可逆氢损伤	
	氢脆	高温氢损	氢诱导开裂（HIC）
发生条件	高强度钢 有应力作用	高温（>200～300℃） 高压（>30MPa）	常温、低强度钢或高强度钢，不一定有外应力
腐蚀机理	钢中溶解一定氢，但溶解氢尚未和钢组分起化学反应	$Fe_3C+2H_2 \rightarrow 3Fe+CH_4$ 所产生气体使钢材内部开裂，表面鼓泡	原子氢积聚在钢材硫化物夹杂处还原成氢气，使钢材内部开裂，表面鼓泡
腐蚀形态	白点、发纹、鱼眼	龟裂	台阶型裂纹

二、可逆氢脆

吸收了氢原子的金属在缓慢变形中会逐渐形成裂纹源，裂纹扩展后最终会发生脆断。但未形成裂纹前，只要去除载荷、静止一段时间后再高速变形，即可恢复材料塑性。人们习惯所说的氢脆主要指可逆氢脆，这是氢损伤最主要破坏形式之一。

三、高温氢脆

最早发现在合成氨容器上，由于氢和钢中碳及 Fe_3C 反应生成甲烷，造成钢表面严重脱碳和沿晶界网状开裂。该过程大致分三个阶段：

（1）孕育期（晶界碳化物附近出现亚微形鼓泡核，但强度尚未损失）；

（2）发展期（鼓泡迅速长大，沿晶界形成裂纹，钢体积膨胀，强度下降）；

（3）饱和期（裂纹连接成片的同时，碳逐渐耗尽，钢的体积和强度不再改变）。

孕育期长短决定了钢的使用寿命。

各种钢发生高温氢脆的温度和压力有一个组合条件，即著名的 Nelson 曲线，这是根据实际结果得到的经验曲线，图 5.14 给出钢的 Nelson 曲线。曲线下方代表材料安全使用的温度和压力。

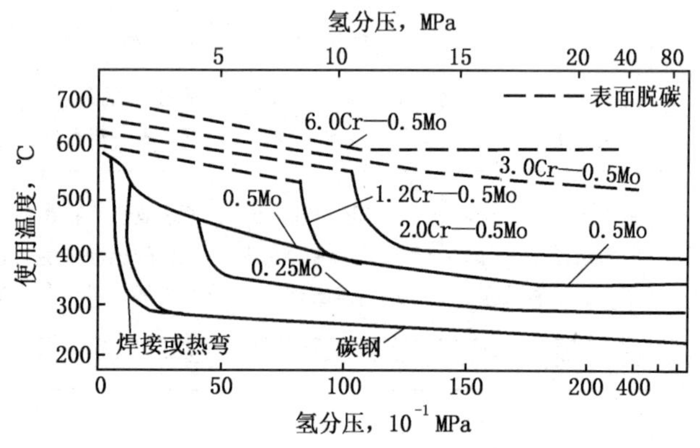

图 5.14　钢高温氢脆的 Nelson 曲线

四、氢诱导开裂

潮湿硫化氢环境下，低强度钢（如管道钢）表面形成鼓泡、内部形成平行于轧制方向的裂纹，这种腐蚀称为氢诱导开裂，用英文缩写 HIC 表示。由于裂纹常以台阶形式发展并贯穿钢板厚度，所以又被称为台阶型开裂（Stepwise Cracking）。这类腐蚀常发生在含硫油气管道、储罐、炼制设备上，具有很大危险性。已经证实，夹杂（以 MnS 最严重）是裂纹主要成核位置，它们在轧制过程变成扁平状，与基体材料间存在空隙，使氢原子得以聚积其间，并化合为氢分子，产生巨大压力促使裂纹产生。减少钢中硫化物夹杂数量可以减轻材料 HIC 腐蚀敏感性，但不能完全避免。环境酸性越强和硫化氢浓度越大都促使 HIC

加剧，氯离子存在也可能促进氢原子向钢中渗透。实验室常用饱含硫化氢的酸化 NaCl 溶液来检验材料抗 HIC 能力。HIC 一般发生在室温下，提高或降低温度都有利减少开裂。如：在 60℃以上工作的油气管道很少发生 HIC。

五、硫化物应力开裂

潮湿硫化氢环境中钢发生的另一种氢腐蚀称为“硫化物应力开裂”，用 SSC 表示。它们和 HIC 的区别归纳在表 5.19 中。

表 5.19 潮湿硫化氢环境中钢的氢腐蚀类型

腐蚀名称	硫化物应力开裂	氢诱导开裂
表示代号	SSC	HIC
发生条件	高强度钢、有应力存在	中、低强度钢、不一定要有应力
腐蚀类型	属于可逆氢损伤	属于不可逆氢损伤
腐蚀裂纹	与主应力方向垂直	平行轧制板面，内部呈台阶状

第十五节 石油、石化工业环境腐蚀

一、硫化物造成的腐蚀

1. 高温硫化物腐蚀（炼油工业）

高温条件下，原油中含硫有机物能够分解产生硫化氢，这种分解反应取决原油中硫的活性，还和反应温度有关。有报道说，120℃就可能出现硫化氢，但明显分解在 260℃以上，350～460℃达到最高速度。原油中戊硫醇以及钢表面对此分解反应有催化作用。高温下硫化氢和钢直接反应生成硫化铁，纯铁和碳钢的腐蚀产物内外层均为同一种组成 FeS。由于硫化物稳定性小、晶格缺陷多，要提高钢抗硫化能力往往比提高其抗氧化能力更难。如果上述过程同时存在高压氢气，则钢的腐蚀更加严重（同时发生氢腐蚀）。

2. 常温硫化物腐蚀（油气钻采、储运）

常温下，有机硫化物没有腐蚀性，起腐蚀作用的只是游离在原油中无机硫化物（氢）。含较多游离硫化氢的原油、天然气俗称“酸性”油气。在水分和一定浓度硫化物共存条件下，酸性油气对金属有极大腐蚀性，属电化学腐蚀。其腐蚀特点是以氢原子渗入钢内部，引起表面鼓泡或内部产生裂纹，习惯上称为硫化物应力开裂（SSC）。

二、二氧化碳的腐蚀

大气中少量 CO_2（约 0.03%）是没有腐蚀性的。但高浓度、高压力和水存在条件下，其腐蚀性十分可观。含有很高 CO_2 分压的油、气（特别是凝析气）称之为“甜气”（Sweet Gas），以区别含硫化氢的“酸气”（Sour Gas）。此外，原油开采、加工、炼制过程也可能出现高浓度二氧化碳条件。干燥的、不含其他杂质的二氧化碳本身没有腐蚀性，CO_2 腐蚀往往是和冷凝水、地层水的化学反应或溶解过程有关。CO_2 是种弱酸酐，溶于水产生 HCO_3^-，CO_3^{2-}，CO_2 等形式，其中游离 CO_2 所含百分比和水的 pH 值有密切关系（见表 5.20）。

表 5.20　水中含游离 CO_2 百分比和水溶液 pH 值关系

CO_2%	100	95	70	20	1
水的 pH	4.0	5.0	6.0	7.0	8.0

二氧化碳腐蚀属于氢去极化腐蚀，由 CO_2 不断补充的碳酸源源不断提供金属腐蚀所消耗的氢离子，此外 CO_2 腐蚀的阳极产物可溶，无保护作用，所以二氧化碳腐蚀往往比同 pH 值强酸介质更加严重，曾有报道，某油田井下二氧化碳对钢套管腐蚀速度可高达 5～8mm/a。和硫化氢腐蚀不同的是，二氧化碳腐蚀不会引起材料氢脆。

影响二氧化碳腐蚀的主要因素有：

(1) CO_2 分压。CO_2 分压增加到零点几个兆帕前，腐蚀速度增大较快，之后增大减慢。原因是 CO_2 在水中饱和后 pH 值不再下降。一般认为，CO_2 分压小于 0.05MPa，且没有点蚀现象时，可排除二氧化碳腐蚀，但应当注意，当冷凝水含某些低分子羧酸（甲酸、乙酸等）时，在更低 CO_2 分压下也有可能产生腐蚀。

（2）温度。二氧化碳腐蚀先随温度升高而增大，但温度过高会影响 CO_2 溶解度。所以 CO_2 腐蚀一般发生在中等温度区域。当分压增高时，出现最大腐蚀的温度向较高温度侧移动。如，炼厂制氢工序中，含二氧化碳气流冷却到约 177℃时，凝结形成的低 pH 值碳酸溶液对碳钢和一般低铬钢具有极大腐蚀性，腐蚀速度可能高达 2.5mm/a。

（3）流速。其他条件相同时，气流流速从 2m/s 增加到 8m/s，二氧化碳腐蚀速度提高了 50%～100%，这是因为径流速度增大，促使更多 CO_2 流向阴极区，加速腐蚀反应。当流速达到 10～12m/s 时，腐蚀和磨损产生联合协同作用，特别在涡流区和紊流区，磨损作用不断去除材料表面膜，暴露出新的金属活性表面，使得腐蚀速度急剧增加。

（4）介质中铁离子浓度。水中铁离子浓度低时，腐蚀产物主要是磁性 $FeO \cdot FeCO_3$（黑色），水中铁离子浓度高时，腐蚀产物水解使得 pH 值达 8.3 以上，形成较致密的菱铁矿（$FeCO_3$）保护膜，强烈降低 CO_2 腐蚀，从极化曲线可见，提高铁离子浓度使阳极极化过程明显受阻。

三、环烷酸造成的腐蚀

环烷酸是石油中的有机酸，有强烈臭味、难挥发、不溶于水、易溶于油类的无色液体。

高温环境下，环烷酸对金属的腐蚀主要发生在 230～400℃，其中 270～280℃时最为严重。环烷酸对金属腐蚀机理目前还不十分清楚，除了高温下环烷酸和钢铁直接反应外，还能和 FeS 等腐蚀产物反应，生成油溶性环烷酸铁，$Fe(RCOO)_2$，从而使钢铁失去表面保护层。

环烷酸腐蚀不容易预测，理论上它应当和原油中酸的中和值成正比，但实际上尚未发现两者相关性。此外，流速、冲击、流态等因素影响也没有很好了解。再加上环烷酸腐蚀产物为油溶性，不形成锈层，只留下喷火口状（低流速时）或流线状（高流速时）的腐蚀痕迹，但对碳钢的腐蚀速度可能高达 20mm/a。

304 型不锈钢抗硫化物腐蚀能力很强，但十分容易受环烷酸的侵蚀，而 316 型不锈钢有较强抗环烷酸侵蚀能力，所以实践中用这两种钢的对照试片来鉴别环烷酸腐蚀。如果 304 型不锈钢受到侵蚀，而 316 型不锈钢不受侵蚀，则可判定有环烷酸腐蚀存在。

四、有机液体造成的腐蚀

大多数有机溶液腐蚀性不强，尤其是非极性或极性不大的烷烃、酮、醚、苯等，对金属几乎不会发生腐蚀。腐蚀性的有机溶液只有一小部分，主要有以下几类。

1. 有机酸

有机酸都是弱酸，在水中轻微电离，产生氢离子。其酸性虽不如无机酸那么强，但对金属腐蚀可能是迅速和严重的，尤其有氧存在时。最强的有机酸是甲酸，其次是乙酸。有机酸酸度随碳链增长而减弱，长链脂肪酸除高温外一般是不腐蚀的。酸酐和醛在某些条件下能水解生成相应的酸，其腐蚀性也来自有机酸。例如：钢铁材料在高温和室温条件下都会受甲酸、乙酸的侵蚀，铝在室温、不含污染的甲酸、乙酸中不受侵蚀，但如果酸被污染，铝几乎被任何浓度和温度的酸侵蚀。铜及合金在甲酸或乙酸中腐蚀完全取决酸中氧化物质（包括溶解氧），没有空气和其他氧化剂时，铜及合金可在任何浓度和温度的甲酸、乙酸中使用。

2. 卤代化合物

高温、无水的有机卤化物能和某些金属直接起化学反应，例如：金属镁粉和碘代乙烷的反应，前面已提过，铝和沸腾四氯化碳的爆炸反应等。有水存在时，有机卤化物发生水解，生成卤代酸（HF、HCl、HBr 等），它们对金属有强烈腐蚀性。

3. 含硫有机物

室温条件下，磺酸 RSO_3H 是最具腐蚀性的有机硫化物，其酸性类似硫酸等强酸。除此之外，一般有机硫化物对金属无腐蚀性。但高温下，含硫有机物可能分解生成硫化氢（如硫醇等）、甚至二氧化硫（如亚砜等）。这些产物具有腐蚀性。

第六章　实际腐蚀——以设备、材料分类

第一节　油、水储罐内腐蚀

油、水储罐是油气工业最常见装备。由于其安全性事关重大，所以对其腐蚀问题比较重视。这类装备结构形式繁多、内部介质也较复杂，需要进行实际考察，但一般说，其外部属大气腐蚀，相对比较简单。内部属介质腐蚀、复杂多变。现以油罐为例，分析罐内不同腐蚀环境，基本可分为四种：罐顶气体、油相、罐底沉积水相、罐底污泥。这些介质间存在三种界面：气油界面、油水界面、水污泥界面。现分别讨论其腐蚀特点。

（1）罐顶气体主要成分为轻质油气、水蒸气、杂质气体（H_2S，CO_2 等）和空气（对非密闭罐而言）。一般说温度越高，腐蚀速度也越大；气体中 H_2S，CO_2，H_2O，O_2 等含量越高，金属腐蚀速度也越大。据作者在沧州某油罐区对非密闭的、罐顶带呼吸阀的原油储罐现场试验，发现以下规律：①越靠近罐顶，氧气浓度越大、气体腐蚀性也越强；②罐顶气体腐蚀性随油罐进油、排油过程周期变化，进油时罐顶气体腐蚀性较低，排油和静止时腐蚀性较强；③排油和静止时罐顶气体腐蚀性出现短暂潮汐峰值（对碳钢腐蚀速度最高达 0.76mm/a），与此一致的是罐顶内钢板表面腐蚀产物呈疏松、堆积形式，缺乏保护性。

（2）原油介质一般含有少量水分，所以油相严格说是油—水双相乳液。根据含水量由低到高，乳液有两种形式：油包水型和水包油型，前者含水少、导电性差、腐蚀性也小；后者则腐蚀性较大。表 6.1 的室内试验数据表明，如不含其他腐蚀成分，乳液腐蚀性随其含水量增大而增高，但含硫化氢等腐蚀成

分时，水含量对腐蚀影响是微不足道的。

表 6.1　原油—3%NaCl 乳液对碳钢的腐蚀速度

单位：$g \cdot m^{-2} \cdot h^{-1}$

油　水　比	1∶1	1∶8	1∶15	全部 3%NaCl
无 H_2S	0.08	0.37	0.75	3.15
有 H_2S	2.10	2.14	2.20	3.28

(3) 罐底沉积水是原油水分经过沉降聚集而成，其相对密度大于石油，一般沉于罐底。这类水多为高矿化度盐水，经常被称为油田产出水或油田水。最常见油田水类型有：硫酸盐、氯化物和碳酸（氢）盐型等，其盐类和含量随地区、地层、地质不同有很大差别。油田水含盐量增高对钢腐蚀性变大，直至出现一个和最大腐蚀速度对应的盐浓度，如：对 NaCl 溶液约为 3%～3.5%。过高盐浓度导致腐蚀速度减低是由于氧气在盐水中溶解度降低的原因。影响油田水腐蚀性的其他重要因素是：水中 H_2S 和 CO_2 等腐蚀气体含量、腐蚀细菌作用、固体颗粒缝隙腐蚀作用、各种应力变形造成的附加腐蚀作用等。对原油储罐，罐底沉积水和罐顶气相是两个最容易造成罐体穿孔部位，而罐底穿孔造成介质泄露，其危害性比罐顶更大。

(4) 罐底污泥来自原油开采引入的泥沙等固体颗粒，也可能来自原油自身成分，如：原油中沥青胶、蜡的析出；不同水型（如硫酸钠水型和氯化钙水型）混合产生的无机盐沉淀；金属腐蚀产物（如铁锈）等。罐底污泥相的腐蚀原因主要为缝隙造成的各种差异电池作用和细菌作用。氧浓差和盐浓差是主要两种，而硫酸盐还原菌（SRB）则是原油、污水储罐底部污泥中必须要考虑的腐蚀因素，如在沧州某油罐实际检测到罐底沉积水中 SRB 量为 1.3×10^{8} 个/mL；而污泥中 SRB 量为 5.5×10^{10} 个/mL，高出水相 400 多倍。污泥相因氧含量低，腐蚀性不如水相大，但如果细菌腐蚀起主要作用的话，腐蚀速度也可能相当可观。

（5）各种界面腐蚀现象。自然环境下水—空气界面存在一种“水线腐蚀”现象，即：在水面下某部位金属出现局部腐蚀，其原因是界面两侧含氧量不同，空气中氧浓度明显高于水中氧浓度，使后者成为腐蚀电池阳极，加速腐蚀。油罐内油—水界面的情况正好相反，氧气在油中溶解量远小于水中溶解量，所以油水界面腐蚀往往出现在界面靠油相区域，当存在硫化氢气体（其溶解状况类似氧气）时，这种界面腐蚀可能十分严重，有一组现场数据表明：95％以上失重位于界面油相区域的碳钢罐壁，最大腐蚀速度达 $3g \cdot m^{-2} \cdot h^{-1}$，作为对照，水相金属腐蚀速度只有 $0.4 \sim 0.8g \cdot m^{-2} \cdot h^{-1}$。图 6.1 示意代表两类界面腐蚀的不同结果。

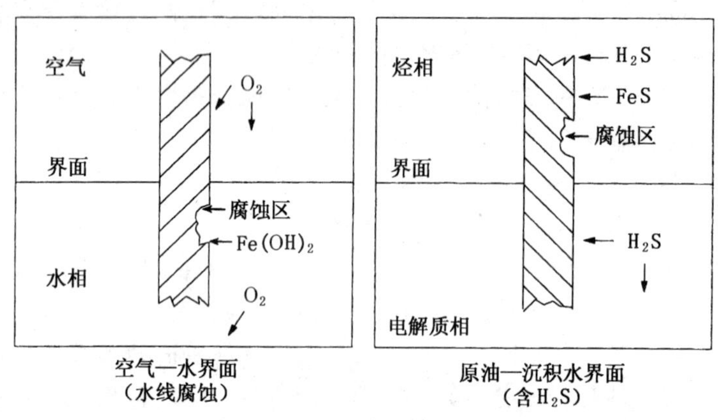

图 6.1　两类界面腐蚀对比

非密闭罐内其他界面腐蚀情况是：罐顶气体（多氧、阴极）—油相（少氧、阳极）；罐底沉积水相（多氧、阴极）—污泥相（少氧、阳极）。

（6）应力作用的腐蚀。主要发生储罐角焊缝、罐底以及部分变形罐体上，在腐蚀环境和应力共同作用下造成 SCC 或腐蚀疲劳等特殊腐蚀形式。需根据实际条件分析确定。

第二节　钻井液中设备、工具腐蚀

油气勘探中需大量钻井作业。钻井液腐蚀作用是钻杆等井下设备、工具破坏的主要原因之一。统计资料表明，钻杆因腐蚀疲劳造成的强度损失占总事故60％以上，大多数情况下，事故发生在钻井过程，而较少发生在起井或下井作业。

钻井液，包括各阶段需要的不同洗井液，其腐蚀性差异极大，主要取决于其组成、性质和所含各类腐蚀性杂质的含量；有时在钻碎岩石时，地层或岩层水中某些成分可能进入钻井液，改变其组成和腐蚀性。现简单叙述其中一些因素的影响：

（1）组成。钻井液、洗井液成分对腐蚀有不同影响，例如：掺入粘土会强化水介质对钢材腐蚀；某些保护剂（羧甲基纤维素等）可减低钻井液腐蚀性。石油基液体，如石油沥青乳化液、油包水乳化液（逆乳化液）不仅减低钢平均腐蚀，还提高钢抗腐蚀疲劳能力。

（2）pH 值。钻井液 pH 值随添加剂不同在很大范围变化。多数钻井液碱性较高，溶液 pH 值对金属的均匀腐蚀、腐蚀疲劳都有很大影响。碳素结构钢在碱性溶液中稳定，但在中性、尤其酸性中发生腐蚀。铝及其合金在 pH 值 4～11 和较低氯离子含量（小于 0.1mol/L）中稳定，pH 值过高、过低或氯离子浓度过高时，铝产生严重的均匀腐蚀，铝耐腐蚀疲劳的 pH 值范围更窄：只局限于 8～10 的小范围内。

（3）可溶盐类。中性、碱性盐类（KCl，KI，Na_2SO_4 等）和 NaCl 溶液类似，在浓度 2％～7％出现最大腐蚀（原因是导电性和溶解氧能力的综合影响），水解产生酸性物质的盐类（$AlCl_3$，$FeCl_2$，NH_4Cl 等）其腐蚀性相当于同 pH 值的酸。

（4）腐蚀性气体杂质。主要是氧气、硫化氢和二氧化碳。一般说，从钻井液中除去这些腐蚀气体可降低井下设备的腐蚀，虽然铝在含氧环境的钝化会增加其耐蚀性，但氧对许多金属腐蚀起加速作用。在充气钻井液中，48h 就可能导致钻杆腐蚀穿孔。硫化氢对钢危害特别大，产生 SCC 或氢脆等现象，有氧条件下，硫化氢腐蚀加剧，最大局部腐蚀速度可能高达 6mm/a；二氧化碳可能导致更高的腐蚀速度。

（5）温度。油气田钻井的井底温度随井深而提高，前苏联和美国 6000～7000m 深井井底温度都超过 150℃，有的高达 250℃。但钻井液温度一般不会超过 90℃，除非因送液泵阻滞导致循环不畅。温度升高时腐蚀加速，但同时因氧溶解量减少而使腐蚀降低。所以在较低温度（小于 60℃）以局部腐蚀（点蚀）为主，90℃时，以均匀腐蚀为主。90℃温度下钢的腐蚀疲劳极限比 60℃时要增加 0.5 倍。

第三节　不锈钢材料的腐蚀

不锈钢是耐腐蚀的铁—铬合金总称。不锈钢耐腐蚀本质在于自钝化，其铬含量必需超过 12%后，合金才具有和纯铬类似的自钝化性质。不锈钢品种、类型极多，性质差异也极大。习惯按其金相组织分为：马氏体、铁素体、奥氏体、沉淀硬化型及近年发展起来的双相不锈钢等几大类。从腐蚀角度，可把不锈钢简单分为两类，前者代表是 1Cr13 不锈钢（铁素体），是一种成本较低、耐腐蚀性也较差的不锈钢，常用于制造家庭厨房小型用品（刀、叉之类），有时被称为不锈铁，以区别后一类真正的不锈钢，后一类代表是 18－8 不锈钢（含铬 18%、含镍 8%），它们为奥氏体结构，用于制造较重要或大型工业设备。两者简便鉴别方法是：前者有铁磁性（能被磁铁吸引），后者不具有铁磁性。

不锈钢材料腐蚀原因大多在于其钝化破坏，主要腐蚀形式有：应力腐蚀开裂（SCC）、晶间腐蚀、点蚀、缝隙腐蚀、电偶腐蚀等。不同类型不锈钢的腐蚀行为可能有很大差异，如铁素体和奥氏体不锈钢的晶间腐蚀行为已在前面介绍过。

简而言之，不锈钢可以抵抗下列环境腐蚀：

（1）很大的浓度及温度范围的硝酸溶液、室温下含空气的稀硫酸、食品中所含的各种有机酸、不含 SO_4^{2-} 和 Cl^- 的亚硫酸、沸点以下的冰醋酸等；

（2）各种碱类（但必须注意，某些碱类和应力联合作用可能发生的 SCC）；

（3）天然淡水、大气环境。

不锈钢不能使用的环境主要有：

（1）稀和浓的 HCl、HBr、HF 等酸，包括水解后产生这些酸的盐类；

（2）较高浓度（10%）或接近沸点的硫酸（特别在缺乏空气条件下）；

（3）含硫代硫酸钠等成分的照相定影液以及草酸、甲酸、乳酸等有机酸类；

（4）含氯离子的海水以及地下、井下缺氧的还原环境。

第四节　铜及铜合金的腐蚀

一、铜的腐蚀

铜具有良好耐腐蚀性、容易加工、导电、导热、易焊接等优点，在工业上广泛使用。铜在电动序中电位比氢正，在热力学上属于惰性的半贵金属，在中性及不含溶解氧的非氧化性酸中不会腐蚀，但在氧化性酸或含空气的酸中会发生腐蚀。铜和某些离子（如 NH_4^+、CN^- 等）有较强络合能力，所以含这些成分的气体或溶液常会引起铜的特殊腐蚀，如：铜在氨气环境下的应力腐蚀（氨脆）。铜受腐蚀的另一种原因是因为该金属比较软，所以对高速水流冲击和腐蚀磨损作用都比较敏感。

铜在静止水中腐蚀速度约为 1gmd，在流动水或热带地区水中，腐蚀速度稍有增加。其正常腐蚀产生的微量铜离子足以使得海洋浮游生物远离其表面，所以铜是为数不多、不受生物污染的金属。铜的耐蚀性取决于表面氧化膜层，高速流水的冲击作用以及淡水或土壤中碳酸等酸性成分的溶解作用都会破坏铜的表面膜，造成铜的腐蚀加速。

归纳起来，铜可以抵抗下列环境腐蚀：

（1）海水、热的或冷的天然淡水（含碳酸或其他酸量不高的软水）；

（2）不含空气的、热和冷的稀硫酸、磷酸、醋酸和其他非氧化性酸；

（3）大气环境。

铜不能使用的环境有：

（1）氧化性酸。如：硝酸、热的浓硫酸、含空气的非氧化性酸（如碳酸等）；

（2）高速、含空气的水流。强腐蚀性水的流速超过 1.2m/s 或低腐蚀性水的流速超过 2.4m/s 时都可能引起铜的严重腐蚀；

（3）含氨类、氰化物、硫化物的介质及含氧化性重金属盐类（如 $FeCl_3$ 等）的环境。

二、铜合金的腐蚀

铜锌合金俗称黄铜，是最重要的铜合金，它的物理性能优于纯铜，有较强耐冲击腐蚀能力，常用来制作冷凝管。不同锌含量的黄铜常有不同名称，如：熟铜（Zn＞40％）、黄黄铜（Zn＝30％）、红黄铜（Zn＝15％）等。含锌量较高（Zn＞15％）的黄铜主要遭受脱锌腐蚀（是选择性腐蚀之一）。有利脱锌的环境条件是：（1）高温；（2）静止溶液，特别是酸性；（3）表面形成多孔无机膜。黄铜另一种腐蚀形式是应力腐蚀开裂，在拉伸应力和微量氨及胺类物质共同作用下发生破裂。历史上，英国贵族储存在印度的黄铜马车每年雨季到来，空气充满湿气和含氨物质时，这类破裂就频频发生，故曾被称为“季裂”。

其他铜合金有：锡青铜（铜—锡合金），以高强度著称，耐腐蚀性也很好。两千多年前中国历史上曾出现鼎盛繁荣的青铜器时代，至今在许多博物馆内仍可看到出土的、保存完好的精美青铜器。此外，含硅4%的铜合金机械性能和耐腐蚀性能都优于纯铜，含铝5%的铜合金是普通铜基合金中最耐腐蚀的，在巴拿马运河海水中16年浸泡试验发现，其失重量只有纯铜的1/5。含镍（10%～30%）铜合金耐海水腐蚀和耐应力腐蚀开裂性能都明显提高。

第五节　铝和铝合金的腐蚀

一、铝的腐蚀

铝在电位序中处于很活泼位置（负值），但其表面易形成致密氧化膜，所以铝在许多环境中不会腐蚀（钝态）。铝的腐蚀特性有：

（1）在酸性及碱性环境下都会腐蚀。室温下，铝可在pH4～8.5的溶液环境安全使用，强酸性环境使铝及许多金属都会发生腐蚀。但和其他金属不同，铝在碱中腐蚀也十分明显，生成铝酸盐（AlO_2^-）。

（2）受溶液中痕迹量重金属离子（如：小于0.1mg/LCu^{2+}）的侵蚀。历史上，高纯铝或1110型铝一直被用作高纯度蒸馏水的水管材料，但如果水中含铜、铁等离子，在铝表面沉积出金属铜或铁，这些杂质将成为有效阴极，促使铝表面发生点蚀。

（3）被金属汞或汞离子快速侵蚀。一滴汞和铝表面接触可快速破坏铝钝化，形成的汞齐在潮气环境很快转化为铝的氧化物。溶液中微量汞离子也会造成铝的极高腐蚀速度。

（4）易受无水氯化溶液（如四氯化碳、二氯乙烯、二氯丙烯等）侵蚀。铝和无水四氯化碳反应生成六氯乙烯和三氯化铝，纯铝的腐蚀速度可高达3750gmd，并放出大量热。如温度达到铝的熔点，可能发生爆炸。这个反应有一段5min到30h的诱导期，水分和Mn，Mg存在会加长诱导期，但反应一旦开始，将加速进行。

归纳起来，纯铝（或1110型商品纯铝）可以使用的环境是：

（1）热或冷的氨水溶液；（2）热或冷的醋酸溶液（浓度2%～99%）；（3）脂肪酸；（4）浓硝酸（大于80%），温度不超过50℃；（5）无重金属离子的蒸馏水；（6）大气；（7）含硫或硫化氢的环境；（8）制冷气体氟里昂。

纯铝（或1110型铝）不能使用的环境是：

（1）强酸（盐酸、硫酸等）；（2）石灰、新制混凝土等碱性环境；（3）汞和汞盐；（4）海水、油田水、矿井水等，特别含重金属离子时；（5）无水氯化溶剂、高温下无水乙醇等；（6）决不能和铜或铜合金偶接使用，否则造成铝严重腐蚀，和锌或钢的偶接也应慎重。

二、铝合金的腐蚀

为改善纯铝的物理、机械性能，可采用合金化方法。主要合金元素有Cu、Si、Mg、Zn和Mn。其中锰较有效地改善了锻铝或铸铝的耐蚀性，但Fe、Co、Cu、Ni对铝耐蚀性有不良影响。含铜的硬铝合金对晶间腐蚀较敏感，尤其是轧制或挤压成型的铝合金更容易受这类腐蚀，发生表面鼓泡、随之产生条状或片状剥落。纯铝很少发生应力腐蚀，但含镁（大于4.5%）或含锌（4%～20%）的铝合金往往在盐水或潮湿大气中发生SCC。铝—锌—铟合金常用作海水环境阴极保护的牺牲阳极材料。

第六节　镁及铅的腐蚀

一、镁及镁合金的腐蚀

镁是电动序上最活泼的工程材料之一，因为钝化，镁在水中是稳定的。和铝相比，镁的耐蚀性更加强烈依赖其纯度。纯镁在海水中腐蚀速度比铁只高二倍。但商品镁的腐蚀比铁大好几百倍。为控制腐蚀，一般允许镁中有害杂质量分别为：Fe

(小于0.017%)、Ni（小于0.0005%)、Cu（小于0.1%)。镁及其合金的主要腐蚀形式是：(1) 在潮湿空气中发生应力腐蚀开裂；(2) 和除铝之外几乎所有异种金属发生电偶腐蚀。

归纳起来，镁及镁合金可以使用的环境有：

(1) 大气和蒸馏水环境（均应排除SCC因素)；(2) 碱性环境，如纯镁在48% NaOH + 4% NaCl 溶液中腐蚀速度只有0.2gmd；(3) 大于2%的HF溶液（生成MgF_2保护膜)。

镁及镁合金不能使用的环境有：

(1) 海水以及含重金属离子的水；(2) 无机或有机酸及其盐类；(3) 无水甲醇（生成甲醇镁)；(4) 加铅的汽油；(5) 含水的氟里昂。

由于镁具有很负电位，所以镁和镁合金常用来制作土壤环境的牺牲阳极材料。

二、铅及铅合金的腐蚀

铅也是电动序中较活泼的金属，铅在许多酸中因生成不溶性铅盐、形成厚的保护膜而具有良好耐蚀性，常用来制作内衬或管道。铅是一种两性金属，会被碱类腐蚀，速度自中等到很高，取决于碱浓度、温度和含空气程度。铅可抗海水和淡水的腐蚀，但极少量铅盐就具有毒性，所以不能用在饮料、食品等工业；铅有良好抗大气，包括工业大气腐蚀的性能，在含有机酸的土壤中使用时，铅的腐蚀速度高于钢，但在含硫酸盐土壤中腐蚀速度很低。

较重要铅合金有：含2%银的铅合金常用作海洋构件外电流阴极保护的辅助阳极材料，有极好耐蚀性；含5%锑的铅合金常用作铅酸蓄电池支持栅极，有极强耐硫酸腐蚀性能，但过度放电时会产生有毒SbH_3气体，所以逐渐被钙—锡—铅合金或纯铅加纤维的复合材料替代。

归纳起来，铅及铅合金可以使用以下环境：

(1) 各种强酸（如小于96%的硫酸、磷酸、铬酸、小于60%～65%的氢氟酸、亚硫酸等)；(2) 工业大气；(3) 海水；

(4) 小于100℃的潮湿或干燥氯气。

铅及铅合金不能使用的环境有：

(1) 小于70%的硝酸、大于96%的硫酸、各种浓度盐酸；(2) 碱类；(3) 气体HF；(4) 含空气的有机酸。

第七节　镍、钴、钛的腐蚀

一、镍及镍合金的腐蚀

镍在电动序中比氢活泼，比铁不活泼。它和稀的非氧化性酸（盐酸、硫酸）不会很快反应，在除去空气的水中也是稳定的。镍在含空气水中产生钝化，但钝化膜不如铬那么稳定。镍在海水中容易发生点蚀（钝化—活化电池）。镍在热和冷的碱溶液中有极好耐蚀性，甚至可抵抗熔融NaOH的腐蚀（化学实验中可用镍坩埚进行碱融）；镍的另一特点是有极好抗高温氧化能力，耐温可达875℃或更高。镍受含空气的氨溶液侵蚀，原因是生成可溶性络合离子；镍也受浓的次氯酸钠溶液侵蚀，发生点蚀；镍在强碱性和应力条件或者温度交替变化的含硫气体中有可能发生应力腐蚀开裂或晶间腐蚀。镍和许多金属组成的合金具有优良性能，例如：奥氏体不锈钢；含较高镍成分的镍—铁合金常用来制造耐热的高温元件。

归纳起来。镍可以抵抗下列环境腐蚀：(1) 热和冷的碱液，包括熔融碱液；(2) 稀的非氧化性酸；(3) 大气环境（但工业大气可能使镍表面产生“发雾”现象）；(4) 高温气体。

镍不能使用的环境有：(1) 氧化性酸（如硝酸）；(2) 氧化性盐（如 $FeCl_3$，$CuCl_2$，$K_2Cr_2O_7$ 等）；(3) 含空气的 NH_4OH 溶液；(4) 碱性次氯酸盐；(5) 海水；(6) 温度超过315℃的含硫还原性气体。

二、钴及钴合金的腐蚀

钴在电动序位置和镍接近（比镍负27mV）。和镍类似，钴可以抵抗热或冷的碱液腐蚀，也有较强的抗空气氧化能力，钴容易受氧化性酸或盐的侵蚀，也受含空气氨溶液的侵蚀。钴资源较少、价格较高，主要用于合金生产。几种重要的商品钴合金组成见表 6.2。

表 6.2　国外主要商品钴合金组成

商品名称	化学组成，%							主要特性
	Cr	Mo	W	Ni	Fe	C	Co	
Haynes6B	30	<1.5	4.5	<3	<3	1.2		
Haynes25	20	—	1.5	10	3	0.1	其余	抗点蚀、耐人体环境腐蚀
MP35N	20	10	—	35	—	3.5		抗 $MgCl_2$ 溶液的 SCC
Vitallium	27	6	—	2.5	—	—	65	耐人体环境和微振腐蚀

钴基合金对还原性和氧化性环境都有较好耐蚀性能。它们在蒸馏水及生理盐水中腐蚀速度只有镍基合金或不锈钢的 1/4 到 1/3，此外还具有特别优良的抗摩振腐蚀性能。所以在人体环境（如植入体内受变化应力及持续轻微摩擦的固定板和螺钉）和高速液流冲击环境（如地热井中输送速度达 244m/s 热盐水的管道），钴合金比现有其他合金都优越。

三、钛及钛合金的腐蚀

钛具有很高的强度—重量比，所以最初在飞机工业得到应用。钛具有极强抗腐蚀能力，现在广泛用在航空航天、冶金、化学等工业制作需特别耐腐蚀的设备。钛在电动序上属活泼金属（$Ti^{2+}+2e \rightarrow Ti$ 的 $E^0=-1.63V$）。在含空气水溶液、稀酸和碱溶液中，钛很容易钝化（Flade 电位 $E_F=-0.05V$），钝化膜是非化学计量的，其平均组成相当 TiO_2，具有 n 型半导体性质。只有在强酸和强碱环境，钛的钝化才可能破坏，一旦破坏将出现很高腐蚀速度。

钛耐蚀性的两个特点是：

(1) 特别能抵抗含 Cl^- 的氧化介质侵蚀。如可在 $FeCl_3$、室温的王水、潮湿的氯气、较高温度硝酸、室温的碱液等环境下使用。钛可以分别抵抗热的稀 NaOH 或者稀的双氧水的侵蚀，但这两种物质在一起时会造成钛的严重腐蚀（50mm/a）。

(2) 特别能抵抗海水点蚀和缝隙腐蚀。钛在海水中只发生极低的均匀腐蚀（小于 0.0025mm/a），温度不高（小于 95℃）时也不出现缝隙腐蚀，室内试验表明，只有在 150℃、含氧、1M 氯化钠溶液中，钛才遭受缝隙腐蚀。所以钛至今仍是制作海水热交换器管束首选材料。

钛及合金的腐蚀形式主要是：晶间腐蚀和应力腐蚀。例如室温的发烟硝酸使钛及其合金晶间腐蚀（3～16h）；40℃的液态 N_2O_4 在 40h 内就可使钛合金容器应力破裂。

归钠起来，钛可以抵抗下列环境的侵蚀：(1) 海水，包括高速流动（42m/s）海水；(2) 含水大于 0.9%的潮湿氯气（干燥氯气中，钛能点燃）；(3) 发烟硝酸除外的各种浓度、温度的硝酸；(4) 热或冷的氧化性溶液（$FeCl_3$，$CuCl_2$，$K_2Cr_2O_7$）；(5) 次氯酸盐。

钛不能抵抗以下环境的侵蚀：(1) 含水的氟化氢、氟气；(2) 一般浓度的盐酸、硫酸、草酸、无水醋酸等；(3) 沸腾的大于 55%$CaCl_2$ 溶液；(4) 热的浓碱、含 H_2O_2 的碱；(5) 氯化物或氟化物的融盐；(6) 高温下暴露在空气（大于 450℃）或氢气（大于 250℃）环境。

第八节　混凝土材料的腐蚀

一、混凝土材料的组成

混凝土材料是由 (1) 胶粘剂；(2) 粉料及粗、细骨料；(3) 添加剂等几种组分按一定比例，经搅拌、成型和养护后得到的人造石材。从材料角度，混凝土材料可看做无机复合材料。混凝土材料用途广泛，品种繁多，其性能，包括耐腐蚀性的差异也很大。

混凝土材料耐腐蚀能力主要取决其胶粘剂组分。胶粘剂作用是将分散粉料及粗、细骨料胶凝、结合和硬化成整体。建筑混凝土中硅酸盐水泥就是一种胶粘剂。这种水泥有较好力学性能和耐碱性。但不适合在酸性及化学试剂环境下使用。可用作混凝土胶粘剂的其他物质还有：水玻璃、沥青、树脂等，后两种成分常用来配制特殊的耐腐蚀混凝土。

混凝上中的粉料及粗、细骨料起骨架和填料作用，它们决定混凝土基本的物理、化学性能，对混凝土耐腐蚀性影响仅次于胶粘剂。混凝土添加剂种类较多，如：密实剂、增韧剂、早强剂、快凝剂等。用量虽少，对混凝土特性影响大，但对耐腐蚀能力影响研究不多。

混凝土和钢筋复合得到的钢筋混凝土，可谓是“完美”的结合。钢筋优良的抗拉性能和混凝土优良的抗压性能，弥补了彼此的弱点，在力学上得到最好的互补。从腐蚀角度，混凝土为钢筋提供钝化所需的强碱性环境，保证了钢筋不受腐蚀，所以，钢筋混凝土是当今世界应用最广泛的工程结构材料之一。

二、混凝土材料的腐蚀

(1) 溶出。混凝土某些成分在腐蚀环境使用时溶出，造成材料空隙度增大、强度下降。

(2) 渗入。环境中水、氯离子等渗入混凝土内，引起钢筋表面钝态破坏，产生腐蚀。

(3) 和环境成分起化学反应。混凝土中水泥石主要成分为 $Ca(OH)_2$ 易在酸性环境分解，或在 CO_2 作用下变成碳酸钙，使混凝土中性化。这两种结果都导致材料强度降低。

(4) 溶胀和开裂。盐碱土壤中高含量硫酸盐借助水分渗透作用积聚到混凝土内部，再在其内部结晶，体积膨胀，使混凝土材料龟裂。钢筋生锈后腐蚀产物也会使混凝土开裂。

三、混凝土腐蚀评价

混凝土腐蚀评价一般不采用失重等指标，而采用以下指标衡量其遭受腐蚀程度：

（1）外观。腐蚀后混凝土常出现颜色改变、表面粗糙或腐蚀产物附着等。记录此类现象及分析腐蚀产物常可得到有用的腐蚀信息。

（2）抗压强度。强度损失是混凝土失效甚至断裂的主要原因。用试验机检验腐蚀后混凝土试样，并和标准室养护 28d 试样比较，计算其强度损失率或保有率。

（3）含水率和吸水率。混凝土试样自身含水率和在水中浸泡后吸水率都反映混凝土材料空隙度。比较腐蚀混凝土试样和标准试样，以其变化百分率为评价指标。

（4）表面中性化深度。硅酸盐水泥混凝土呈碱性，受腐蚀后混凝土表面中性化（又称碳化）。测定其表面中性化深度，可评价其受风化腐蚀的程度。

（5）钢筋腐蚀速度。直接测定钢结构混凝土内部钢筋腐蚀速度也可评价混凝土腐蚀程度。

四、混凝土腐蚀的防治方法

（1）改进组分及配方。选用耐蚀胶粘剂或添加耐腐蚀粉料等可制备特殊耐酸、碱混凝土。如近年开发聚合物水泥混凝土、聚合物浸渍混凝土具有优良力学性能和高抗腐蚀性。

（2）施加涂层。混凝土表面施加聚氯乙烯等涂料可减轻腐蚀介质向混凝土内部的渗透，延长混凝土材料在强腐蚀性环境使用寿命。对钢结构混凝土内钢筋采用非金属涂层保护也是目前提倡的防护措施，特别对含氯化物环境使用的钢筋混凝土结构。

（3）阴极保护。对钢筋混凝土结构钢筋进行阴极保护是目前十分热门的研究课题。技术上虽不如在土壤等环境成熟，但在阳极选择、保护方法等方面进展很大，已有试验实践。

第九节　其他无机材料的腐蚀

一、不透性石墨材料

天然石墨耐高温、导热导电性好，但疏松多孔、易分层，作为工程材料时多采用人造石墨粉制备的不透性石墨材料。人造石墨由焦炭粉和煤焦油沥青混合，经石墨化（2300～2800℃，15～50h）处理得到。这类材料含30%～32%空隙度，可直接用作过滤材料，但更多用于制作不透性石墨材料。

不透性石墨由人造石墨粉和合成树脂混合，采用浸渍、压制、浇铸等方法制备。

石墨本身性质稳定，所以不透性石墨材料的化学稳定性和耐温度能力主要取决于合成树脂的性质。例如浸渍石墨的浸渍剂有酚醛树脂、呋喃树脂、有机硅、水玻璃、沥青等。由此得到材料不耐酸碱腐蚀，而且最高使用温度约120℃；压制石墨的化学稳定性和耐热性稍有所提高，且具有耐热冲击、耐磨、自润滑等优点，但缺点是脆性较大，浇铸石墨用热固性树脂为粘接剂，人造石墨粉为填料，在常压、常温（或加热）下浇铸得到，性能和压制石墨相仿。

二、陶瓷材料

陶瓷材料是陶器、瓷器等各类材料的统称，工程上包括：陶瓷、玻璃、耐火材料等，有时也作为无机非金属材料的代名词。化学结构上，它们均由金属元素和非金属元素通过离子键或离子—共价键结合而成，所以也可看做离子晶体，其结构比电子晶体的金属要复杂得多。

陶瓷和玻璃最大差别在于：陶瓷为晶相、玻璃相和气相组成的非均相材料，而玻璃为非晶态材料。陶器是人类历史上最早使用的材料，中国古代最早发明瓷器，并传播到世界各地，所以至今英语单词中仍用China（中国）表示陶瓷。

陶瓷材料的理化性质主要取决其晶体相成分，传统陶瓷以石英、粘土、长石为原料，成品有熔点高、硬度高、耐温、耐磨等优点，但传统陶瓷一般不耐酸、耐热冲击性较差、脆性大、空隙度较大，为此一般用于日常生活用具，作为工程应用，则主要是工程陶瓷（常用EC表示）或现代陶瓷，它们一般用纯度较高的氧化物，如 Al_2O_3，ZrO_2，Si_3N_4，SiC 或赛隆粉（氮化硅为主的混合物）等为原料，经现代生产工艺制备得到，耐磨、耐冲击和韧性、强度等性能都有极大提高，这类陶瓷历史上又被称为特种陶瓷、精细陶瓷。

玻璃是一种非晶态的无定形材料，结构上和晶体最大差别是：长程无序，最多可能在小区域内短程有序，性质上和晶态物质（如金属）的区别是玻璃物质没有固定熔点。玻璃态虽不属于稳定态，其所处能级较高，但是玻璃能长期保持稳定（属介稳状态），其性质十分稳定。玻璃态物质各向同性，即材料各个方向的强度、硬度等所有物理性质都一样。玻璃态物质的强度远没有达到理论计算的程度，例如玻璃理论强度为100MPa，但实际只有1MPa，原因是一般玻璃表面存在大量微裂纹，$1mm^2$ 表面约300个裂纹，深度4～8nm。玻璃态物质具有许多独特性质，例如耐腐蚀性极好。近代研究中，将金属材料表面熔融，然后以极快速度（例如每秒钟大于 100×10^4℃）冷却到室温，得到玻璃态金属表面层，据介绍玻璃态铁可以抵抗酸或高浓度盐水的侵蚀。普通硅酸盐玻璃（民用窗玻璃）或碱硼硅酸盐玻璃（化学试验用的硬质玻璃）同样具有很好的耐酸性，但是一般不耐强碱，而且玻璃材料脆性大，经不起外力冲击或温度聚变的影响。

第十节　高分子材料的腐蚀

一、高分子材料基础知识

高分子材料是以高聚物为主，加入多种添加剂形成的材料。按其用途和性质可分为塑料、合成橡胶、合成纤维、胶粘剂等；

按其热行为可分为热塑性和热固性两类。高分子材料的主体：高聚物主要靠以下两种反应来制备。

1. 加聚反应

由聚合单体（如乙烯类、二乙烯类）通过双键加成，聚合成分子量高达十几万到几十万之间的高聚物，它们一般为热塑性聚合物。

2. 缩聚反应

由二元酸与二元醇或二元胺，或者二元醇与二元酰氯或二元羧酸之间通过功能团的缩聚反应，形成分子量从几万到十几万的高聚物，它们可能为热塑性，也可能为热固性聚合物。

高分子材料状态和性质主要取决于其分子量和分子链的交联状态。

同样分子单体，因聚合数量（分子量）不同或聚合方式（链形式和交联程度）不同，可形成性质完全不同的材料。其原因可从其形变—温度曲线分析。以线形、非晶态高聚物为例，典型曲线如图6.2所示。曲线上分三个区，依次为玻璃态、高弹态、粘流态。分别对应于硬质塑料、弹性橡胶和粘性胶粘剂的力学状态。前两者转折点为玻璃化转变温度 T_g，后两者转折点为流淌温度 T_f。

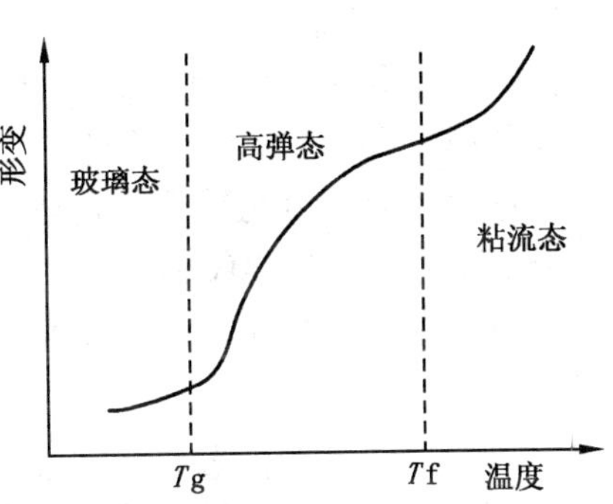

图 6.2　非晶态高聚物的形变—温度曲线

玻璃化温度 T_g 和分子量关系不大，主要取决于分子链柔性，链交联程度越大（网状结构），T_g 值越高，但流淌温度 T_f 则随分子量增加而提高。材料使用温度 T 和 T_g、T_f 关系决定了高聚物所表现的状态。见表 6.3。

表 6.3　高聚物状态和使用温度关系

温度条件	$T<T_g$	$T_g<T<T_f$	$T>T_f$
状态名称	玻璃态	高弹态	粘流态
力学特性	坚硬、脆性固体	柔软、有弹性固体	能流动的粘性流体
物质俗称	塑料	橡胶	胶粘剂

二、高分子材料腐蚀（老化）机理

高分子材料受环境影响导致的性能衰退，习惯上称为“老化”，而不叫“腐蚀”。几乎没有一种高分子材料是不老化的。这一点和金属腐蚀一样，具有“普遍性”。高分子材料老化原因是由于构成高分子的分子链发生降解或交联，导致相对分子质量变化、结构形式的改变。

降解是高分子分子链发生断裂，使得相对分子质量减小，往往导致材料变软、发粘等现象。

交联是高分子分子链发生连接，使分子交联度增大，往往导致材料变脆、失去弹性。

表 6.4 给出某些常见高分子材料在各种环境下发生老化反应的可能性。

表 6.4　高分子材料的环境老化倾向

材料		酸性水		碱性水		有机溶剂	氧和臭氧	吸水量，%/24h
类	名称	弱	强	弱	强			
热塑性	有机玻璃	R	AO	R	A	A	R	0.2
	尼龙	G	A	R	R	R	SA	1.5
	低密聚乙烯	R	AO	R	R	G	A	0.15
	高密聚乙烯	R	AO	R	R	G	A	0.1
	聚丙烯	R	AO	R	R	R	A	<0.01
	聚苯乙烯	R	AO	R	R	A	R	0.04
	聚氯乙烯	R	R	R	R	A	R	0.1

续表

材料		酸性水		碱性水		有机溶剂	氧和臭氧	吸水量，%/24h
类	名称	弱	强	弱	强			
热固性	环氧类	R	SA	R	R	G	SA	0.1
	醛酯类	SA	A	SA	SA	SA	/	0.6
	聚酚类	SA	A	A	A	SA	A	0.2

注：(1) G：十分稳定；R：稳定；SA：稍有反应；A：反应；AO：有氧化剂时反应。

(2) 引自谢希文等，《材料科学基础》，北京：北京航空航天大学出版社，1999年，265页。

三、高分子老化的因素

根据老化原因，高分子材料有以下几类老化现象。

1. 热老化

材料在热作用下发生的老化现象，其反应可能为降解或交联。例如聚氯乙烯受热后发生消除侧链反应，结果变成聚乙烯和氯化氢，而聚乙烯和聚丙烯热老化则发生链的无规则断裂，生成较小的分子。橡胶类高分子热老化后以交联反应为主，增大交联度或相对分子质量，导致弹性丧失。

2. 光老化

材料在太阳光作用下发生的老化现象。太阳光有各种波长的全光谱，进入地球大气层时，波长小于290nm的高能量光子被臭氧层吸收，剩下波长300～400nm的近紫外光和波长大于400nm可见光。高分子材料所含共价键能量一般在170～420 kJ/mol,很容易被近紫外光的能量所破坏。物质吸收光能所发生的反应称为光化学反应。高分子老化就属于光化学反应，它的发生条件：一是光能够被物质吸收；二是吸收光能量要大于该高分子的键能。所以只有特定波长才产生最大光老化作用。表6.5给出某些高分子敏感波长。

3. 辐照老化

材料在高能粒子照射下发生的老化现象。高能粒子是一种比

表 6.5 高分子材料光老化的敏感波长①

高分子材料	敏感波长，nm	高分子材料	敏感波长，nm
聚乙烯	300	不饱和聚酯	325
聚丙烯	310	聚碳酸酯	295
聚苯乙烯	318	聚乙烯醇缩醛	300～320
聚氯乙烯	310	有机玻璃	290～315
热塑性聚酯	290～320		

①引自谢希文等，《材料科学基础》，北京：北京航空航天大学出版社，1999年，265页。

太阳光能量更高的电磁辐射（电磁波）。经常遇到的高能辐射有α粒子、β粒子、γ粒子、x射线以及快中子、慢中子等。它们同样可能被物质吸收，并引起辐照反应。发生降解反应的材料有：聚四氟乙烯、聚异丁烯、丁基橡胶等。发生交联反应的有：聚乙烯、聚丙烯、尼龙、天然橡胶、聚氯乙烯等。

4. 氧、臭氧老化

材料和氧、臭氧发生老化现象。多为自由基反应，为链式加速形式。

5. 水解老化

材料在水中发生的老化现象。如尼龙的水解。

6. 生物降解

材料受微生物作用发生的老化现象。原因之一是微生物活动直接破坏高分子链；原因之二是微生物破坏高分子材料的增塑剂或其他添加剂导致的间接破坏。

四、橡胶材料的环境损伤

橡胶是一种有弹性的高分子材料，分天然和人工合成两大类。前者是以某些植物（如橡胶树）分泌物为原料，主要成分是异戊二烯的聚合物，后者主要有氯丁橡胶、丁腈橡胶、丁苯橡胶、硅橡胶等。橡胶环境损伤主要为老化，其原因是环境成分和橡胶直接发生反应，或者是温度和热的影响，即因环境温

度或者材料自身 T_g、T_f 变化，造成力学状态改变。简单归纳有如下形式：

(1) 变硬、变脆：如果使用温度低于 T_g 或者橡胶分子发生聚合、交联，使分子链柔性降低，T_g 升高，导致 T_g 大于 T，那么材料将转变成玻璃态，发生脆变，失去弹性。

(2) 发粘、变软：如果使用温度高于 T_f 或者橡胶分子发生降解，分子量降低，使 T_f 降低，导致 T 大于 T_f，那么材料转变成粘流态，橡胶发粘，甚至流淌。

(3) 许多介质和橡胶可能直接发生作用。如有机溶剂（溶胀反应）、氧化剂（老化作用）等。表 6.6 给出不同介质下部分橡胶材料的化学稳定性。

表 6.6　常见橡胶材料的化学稳定性①

	稀酸	氧化剂	碱	汽油类	水和防冻剂	大气和臭氧
天然橡胶	良	差	可	差	良	可
氯丁橡胶	良	差	良	良	可	优
丁腈橡胶	良	差	可	优	优	可
丁苯橡胶	良	差	可	差	良	可
硅橡胶	/	/	/	良	可	优

①引自：谢希文等，《材料科学基础》，北京：北京航空航天大学出版社，1999 年，265 页。

防腐蚀技术

第七章　防腐蚀技术——材料、环境

第一节　防腐蚀技术基本思路

腐蚀是材料和环境间反应造成的损伤，发生于材料/环境界面。腐蚀理论指出，金属材料腐蚀原因是表面形成工作着的腐蚀电池，即：存在不同电位的电极及电极间的电子通道和离子通道。金属防腐蚀技术主要是破坏其条件，使腐蚀电池无法工作。目前工程上有四类防腐蚀技术，它们分别是选材和材料表面改性、缓蚀剂技术、覆盖层技术和电化学保护技术。

图 7.1 示意表示这四种技术着眼的对象

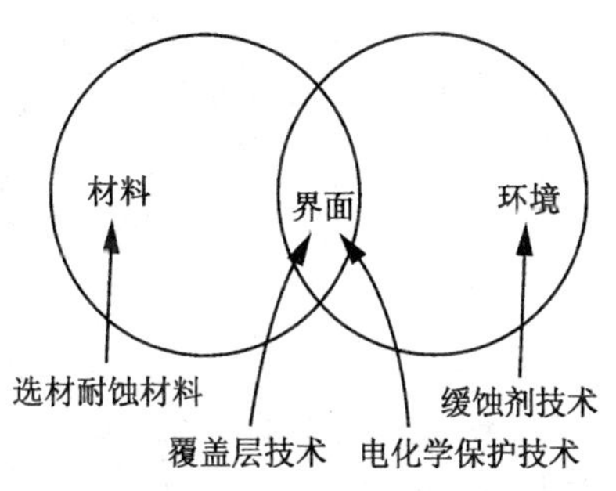

图 7.1　4 种基本防腐蚀技术的示意图

第一种技术着眼于材料本身，通过合理选择材料、研制更耐腐蚀新材料或者改变材料工作表面性质来达到克服或减缓材料腐蚀问题。这项技术依靠材料科学家配合，某种程度上以材料科学家为主力进行开发。例如：石油化工、炼油工业不断提出新的耐腐蚀要求，促使新的耐蚀材料发展。实际上，材料服役过程只有界面和环境接触，所以材料表面改性可能是更经济有效的手段。所谓“三束改性”技术是利用电子束、离子束、激光束等高能粒子对材料表面局部加工。获得耐腐蚀性好的表面层。例如：有资料介绍，在普通碳钢工件表面沉积含铬、镍金属层后，再用激光束进行局部熔融，获得类似不锈钢成分的表面层。这样得到的零部件，具有碳钢的成本和不锈钢的使用性能。

第二种防腐蚀技术着眼于环境。通过向环境加入少量化学物质，使环境腐蚀性在数量级上成倍降低。这类物质称为缓蚀剂。缓蚀剂多是一些化工生产的有机下脚料，具有较复杂分子结构，其所以能靠少量分子改变环境对材料的腐蚀速度，是它们能被金属表面吸附，最终还是在界面上起作用。缓蚀剂本身属于精细化工或应用化学研究领域，但缓蚀剂效率测量和评价方法是腐蚀研究的重要组成部分。

虽然前两种技术最终还都在界面起作用，但后两种技术：覆盖层技术和电化学保护技术，可以算更直接地着眼材料/环境界面，是应用范围广泛的防腐蚀技术，也是腐蚀科学与工程重点研究内容之一。这两种技术本身差异可以借用中国古代大禹治水例子作比喻：将腐蚀问题比做来势汹汹的洪水，覆盖层技术是一种“堵”的方法，而电化学保护则是“疏”的方法。许多情况下光靠“堵”是堵不胜堵的。《史记》记载：禹的父亲鲧“治水无状”，“九年而水不息”，被“殛死羽山”，而聪明的大禹采用堵、疏结合：“披九山、通九泽、决九河、定九州”，最终将中国大地上泛滥洪水按设定路径排入大海，消除了水患。覆盖层技术较多属于物理方法，技术单一，容易实施，而电化学保护技术属于电学方法，需要一定技术技巧。两者各有所长、各有其短，只要运用得当，也一定能像大禹治水那样，消除腐蚀带来的危害。

本书分两章介绍防腐蚀技术，本章介绍前两项防腐蚀技术；后两项放在第八章介绍。本章的选材和耐蚀材料中只介绍纯金属耐蚀性、耐蚀合金开发思路和部分耐腐蚀材料性能，没有包括各种条件下的材料选择及材料表面改性技术等，因为这些内容太多，而且主要涉及材料领域。同样理由，本章缓蚀技术也只介绍缓蚀剂基本知识，如分类、机理和基本应用技术，不涉及缓蚀剂分子结构、合成制备等内容。有兴趣读者可从有关专业书籍中查找。

第二节　纯金属耐蚀性

前面讲过，纯金属耐蚀性可按其标准电极电位判别。为确定在不同溶液环境、不同腐蚀机理下腐蚀倾向。首先需要按能斯特方程计算以下几个代表性的阴极反应平衡电位值：

pH＝7，析氢反应的平衡电位：－0.414V

pH＝0，析氢反应的平衡电位：0.000V

pH＝7，耗氧反应的平衡电位：＋0.815V

pH＝0，耗氧反应的平衡电位：＋1.229V

当金属平衡电位负于上述某个电位值，表示该环境下金属阳极溶解反应可能发生（上述阴极反应也可发生）。所以，如果将所有金属按其标准电极电位排列，被上述4个特定电位点划分成5类（图7.2），电极电位最负的金属具有最大的腐蚀倾向；电位最正的金属腐蚀倾向最小，分别被称为贱金属和贵金属。它们的腐蚀倾向归纳成表7.1。

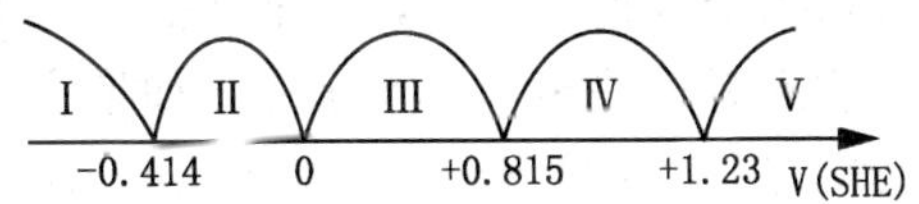

图7.2　纯金属耐蚀性分类示意图

表7.1　纯金属的腐蚀倾向判别表

类别	电位范围 V	腐蚀行为				金属俗称	代表性金属实例
		无氧条件		有氧条件			
		中性	酸性	中性	酸性		
Ⅰ	＜－0.414	＋	＋	＋	＋	贱金属	Zn，Fe
Ⅱ	－0.414～0.000	－	＋	＋	＋	贱金属	Sn，Pb
Ⅲ	0.000～＋0.815	－	－	＋	＋	半贵金属	Cu，Hg
Ⅳ	＋0.815～＋1.23	－	－	－	＋	贵金属	Pt，Ir
Ⅴ	＞＋1.23	－	－	－	－	贵金属	Au，Pt

注：＋代表有腐蚀倾向；－代表没有腐蚀倾向。

表7.1只涉及纯金属在不同环境的腐蚀倾向，用来判断不

同酸碱性或供氧环境的腐蚀可能性。由于是热力学数据，和实际腐蚀速度有差异，所以该表的实用性有限，但有助加深理解腐蚀理论。工程上需要从动力学角度研究金属特别是合金的耐蚀性问题。

第三节　耐蚀合金形成原理

纯金属作为工程材料的应用机会不太多，因为其性能无法像合金那样加以控制或改造。开发耐蚀合金是冶金工业重要任务，而腐蚀理论则为开发耐蚀合金提供了方向或途径。

现根据现代腐蚀理论，从热力学、动力学、钝化等角度讨论提高耐蚀合金的形成原理。

一、提高材料热力学稳定性

几乎所有纯金属在热力学上都不稳定，它们标准电极电位多为负值。当金属以金属间化合物或固溶体形式生成合金时，由于原子壳层结构发生变化，有热量放出。生成合金时放出的热量越大，合金自由能降低也越大，合金在热力学上稳定性也提高越多。前苏联学者曾提出过 $n/8$ 定律：如果合金形成固溶体结构，而且较稳定金属浓度等于 $n/8$ 原子比时（n 为由体系和环境决定的整数），合金热力学稳定性提高最大。据此原理，成功开发了 Fe－Si 合金体系（$n=2$，4），Fe－Ni 合金体系（$n=1$，2）等。由于合金热效应通常很小，这种方法提高材料耐蚀性的程度十分有限。

另一种方法是通过加入大量热力学稳定的贵金属组分（通常大于 25%～50%）使不耐腐蚀的金属合金化，获得耐蚀合金（此时，表面形成贵金属原子组成的连续保护层），例如用 50%金使铜合金化、用 40%镍使铜合金化等。但很显然，这种方法代价很高。

二、抑制材料表面阴极过程

当腐蚀为阴极控制过程时，用合金化方法阻滞阴极过程能明显地增强其耐蚀性。此时，阻滞阴极过程并不靠浓度极化，而靠阴极去极化剂改变阴极过程的动力学特性。例如：可能途径有减少合金的阴极区面积、合金中添加能提高阴极过电位，特别是氢过电位的组分等。前者例子有对硬铝等金属淬火处理，使得其阴极杂质 $CuAl_2$ 溶解和结构均质化，从而提高其耐蚀性，反之，退火或时效过程增大了合金的腐蚀速度。提高阴极过电位的典型例子有：在铜、碳钢、铸铁等金属中加少量砷（具有很高析氢电位）来提高材料耐腐蚀性，据前苏联石油机械制造科学研究设计院资料，含砷 0.05％～0.06％的黄铜冷凝管寿命提高 50％～100％。此外，锌中加镉或汞、工业镁中加锰都能提高合金抗腐蚀能力。

三、抑制材料表面阳极过程

提高合金耐蚀性最有效、最广泛方法是抑制阳极过程，促使材料钝化。主要途径有：

（1）减少阳极面积。方法之一是使合金中强化结构相对合金基体成为阳极，例如，加入镁可提高铝合金耐蚀性，因为此时强化相 Al_2Mg_3 相对基体为阳极，小面积阳极更容易达到致钝电流密度，形成钝化；方法之二是细化或纯化晶界来减少阳极面积。

（2）加入易钝化金属制备合金。这是制备耐蚀合金最重要方法，其性能和钝化元素加入量及使用环境有关。如：不锈钢中需含 12％以上铬、耐蚀镍基合金需含 10％～30％铬等。这方面详细介绍见下节的耐蚀材料不锈钢材料。

（3）提高阴极效率，使合金电位向钝化区移动。以图 7.3 说明其原理，当阴极效率提高（曲线 a→b→c），即：极化率下降时，如体系尚未进入钝化（a→b），阴极效率提高总是使合金电位向正移动，腐蚀速度增大（$i_b > i_a$），但当阴极效率提高到使合金电位超过致钝电位后（b→c），体系钝化，则腐蚀速度下降几个数量级（→i_c）。例如，原苏联托马晓夫等在不锈钢中加入少量 Pt，Pa，Cu 等成分，提高了阴极反应效率，得到的合金

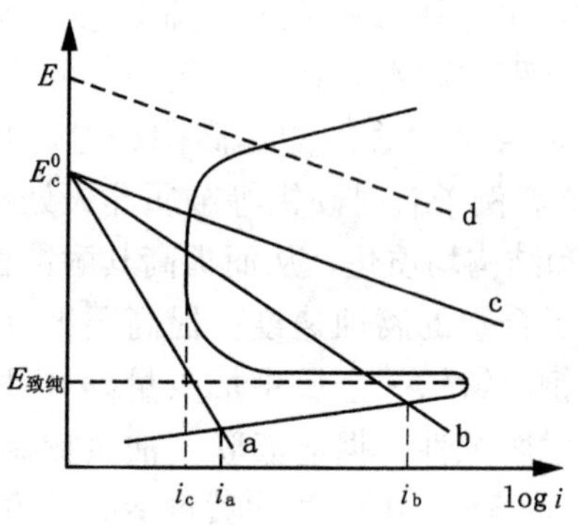

图 7.3　提高阴极效率使合金钝化的原理

在硫酸中耐蚀范围变得更宽。当阴极开路电位位于体系致钝电位与过钝电位之间，提高阴极效率有利合金钝化，降低其腐蚀速度，但当阴极开路电位比过钝电位更正时，过高阴极效率可能使合金处于过钝化或点蚀腐蚀状态（曲线 d）。

四、增大表面膜电阻

在合金中加入能促使合金表面生成致密保护膜的成分，增大腐蚀过程的电阻极化，同样可降低合金腐蚀速度。典型例子是在钢中加入铜和磷，在表面生成一种非晶态保护膜，使得钢耐大气腐蚀能力大大增强，这类钢被称为“耐候钢”，在未污染大气中可以无需外涂层，同样，含铜和硅的钢，在海水中因表面生成非晶态 FeOOH 膜而具有优良耐蚀性。

第四节　耐蚀材料介绍

一、不锈钢

依靠钝化发展耐蚀合金的最成功例子是不锈钢。它是含 Cr 高于 12%（重量比）的 Cr—Fe 合金统称。铬在许多自然环境能自发钝化。当含 Cr 量高于此值，这种性质也传给合金，所以许多情况下，不锈钢的钝化行为十分类似金属铬。图 7.4 是随着 Cr 含量增加，Cr—Fe 合金电位的变化曲线，显示在 12%Cr 附近，电位向正值突变。在 pH7 溶液中，致钝电流密度也从 0.5mA/cm² 降到含 12%Cr 时的 0.002mA/cm²。致钝电流密度值如此之低，以至在含空气的水介质中，腐蚀电流就足以使其钝化。所以不锈钢在天然水等自然环境中能自发钝化。

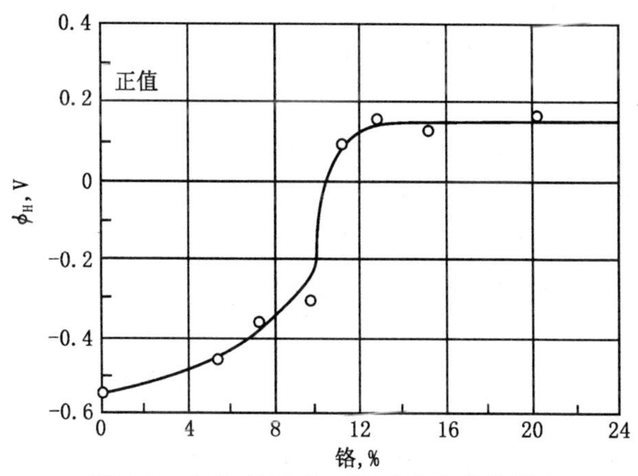

图 7.4　含 Cr 量对 Cr—Fe 合金电位的影响

（引自：[美] H. H. Uhlig 著：翁永基译，《腐蚀与腐蚀控制》，北京：石油工业出版社，1994 年，92 页）

许多二元合金都和 Cr—Fe 合金一样，具有这种临界转变现象，如果 A、B 两种组分组成合金，往往存在一个临界组成，低于临界组成时合金性质可能类似 A，而高于临界组成时合金性质则类似 B，合金性质在临界组成附近有较大转变。例如：镍—铜合金，当合金中镍原子比例超过 30%～40%后，得到合金性质类似镍（在海水中易钝化、容易点蚀、易被浮游生物附着等），而和金属铜性质不同。众所周知，金属铜一般为均匀腐蚀、不易被浮游生物附着。有人用这两种原子外层电子结构和配位理论来解释此类现象，和实验结果有较好一致性。其他二元、包括多元合金的临界组成例子有：含 Au 大于 50%的 Au—Cu 合金、含 Cr 大于 14%的 Cr—Ni 合金、含 Cr 大于 8%的 Cr—Co 合金、含 Ni 大于 50%的 Cr—Ni—Fe 合金和含 Mo 大于 15%的 Mo—Ni 合金等。

二、其他耐蚀材料

金属及合金耐蚀性能远不能满足现代工程技术快速发展的需要，所以无机非金属、有机高分子耐蚀材料和复合材料成为材料选择的重要对象。从物质结构说，金属材料大多为金属键结构，其晶体内任何方向充满自由运动电子，所以多数金属导电、传热性能好，在氧化性环境中容易失去外层电子，发生腐蚀。而非金属材料多以离子键或共价键结合，离子键晶体内带电粒子结合牢固，缺乏可自由移动电子（如 NaCl 或硅酸盐陶瓷），而共价键具有共享电子对，数量有限，也难以自由运动（如金刚石等）。所以非金属材料一般硬而脆，很少发生氧化反应（失去外层电子）。高分子材料含较多分子键成分，分子键又称范得瓦尔键，其作用力微弱，所以多数高分子材料熔点低、硬度低，其主要破坏形式也不是失去电子的氧化腐蚀，而是因键破坏造成的降解或交联过程。在对付氧化性环境侵蚀作用时，非金属材料和高分子材料比金属材料具有先天优势，但非金属材料硬而脆、高分子材料不耐热、强度低等缺点极大限制了它们的使用。现对部分常用耐蚀材料特性简述以下。

1. 无机非金属材料类

这类材料有：不透性石墨（以人造石墨和合成树脂为原料，经过浸渍、压制或浇铸等方法得到），具有导电、导热、高化学稳定性等优点；陶瓷、玻璃、搪瓷（以天然或人造的金属氧化物、酸性氧化物等粉末烧结而成），它们性质差异很大，但均具有耐高温、耐磨损和化学稳定性好等优点，脆性是它们共同缺点：混凝土也属于这类材料，它们是由骨料（如碎石、沙子）、胶结剂（如硅酸盐水泥）和各种添加剂按比例混合制成的人造石材，具有很好结合力、抗压强度和抗渗透能力。

2. 塑料类

塑料是一种依靠温度、压力可塑制成形，但常温下又能保持形状不变的高分子材料。分为热固性和热塑性两类。前者在一定温度、时间条件下一次成型后呈不熔、不溶状态，而热塑性塑料可反复多次塑制成型，即加热成型，冷却后坚硬，再次加热又可变软成型。大多数塑料具有比重轻、比强度高、化学稳定性好、绝缘性好等优点，但和金属相比，机械强度、表面硬度、耐热性均较差。防腐蚀工程常用塑料及代号分别有：热塑性的聚乙烯（PE，一般又分为低密度聚乙烯 LDPE 和高密度聚乙烯 HDPE）、聚氯乙烯（PVC）、聚丙烯（PP）、聚酰胺（PA，俗称尼龙）、聚四氟乙烯（F—4）、聚碳酸酯（PC）和热固性的环氧塑料（EP）、酚醛塑料（PF）。其中尼龙以强韧、耐磨、自润滑为特征，聚四氟乙烯因优越化学稳定性，包括王水在内各种强酸、强碱或氧化剂都对它不起作用，被称为“塑料王”，用来制造强腐蚀环境的机械部件。聚碳酸酯（PC）抗冲击韧性、电性能和耐温性（－100℃～＋130℃）突出，被誉为“透明金属”，是制造防弹玻璃、挡风玻璃的首选材料。

3. 橡胶类

橡胶也是高分子材料，和塑料不同的是，它在使用温度下处于高弹性状态。按来源可分为天然和人工合成两类。天然橡胶（NR）是热带橡胶树和杜仲树流出胶乳，经凝固、干燥、压片等工序制成（化学成分为异戊二烯的聚合物）；合成橡胶品种繁多，常见有丁苯（SBR）、氯丁（CR）、丁睛（NBR）、聚氨酯（UR）等几大类。橡胶材料具有良好化学稳定性和耐磨、隔音、绝缘等特性，广泛用作弹性材料、密封材料、减震材料、传动材料等。例如：丁睛橡胶用于制作石油工业的耐油胶管、氯醇橡胶制作较高温度下使用的管道伸缩密封件等。

4. 复合材料类

复合材料是两种以上物理、化学性质不同物质组合而成，以取得复合效果，即：获得兼有各种组成材料优点，并能取长补短的综合优良性能。复合材料组成一般分基体材料（连续相）和增强材料（连续或分散的强化相）。根据增强相的形态，主要分为三大类：（1）颗粒增强复合材料。粒子相阻止位错运动，提高材料抗变形能力，例如：以陶瓷颗粒增强的金属基复合材料（金属陶瓷）、以炭黑颗粒增强的橡胶材料等。用玻璃鳞片分散到涂料中得到鳞片涂料也可以看做这类复合材料，尽管其目的并非主要为了提高涂料强度；（2）纤维增强复合材料。许多脆性材料制成纤维后强度大大提高。如：普通玻璃容易碎裂，但拉成玻璃纤维后，其拉伸强度（2～5）$\times 10^3$MPa 已接近普通钢强度（5×10^3MPa）。增强纤维除了以无序方式加入基体外，还常以有规则排列编织物形式加入，效果优于颗粒增强。管道外防腐用涂层常采用玻璃纤维布增强，即：以玻璃纤维布增强环氧树脂、酚醛树脂等基体制成复合材料，俗称玻璃钢，其强度接近普通钢，但密度只是钢的 1/5，化学稳定性大大优于金属材料，广泛用于恶劣环境下小型管道、零部件制作；（3）夹层结构复合材料。例如：在两块铝板间夹一层蜂窝芯，通过粘接得到强度好、质量轻的铝合金结构板，用于航空航天工业。另一种类型是用热滚轧方法在廉价金属表面包覆一层耐蚀合金层，得到价廉物美的板材。美国货币中 25 美分硬币就采用在铜芯外包覆含镍 25％铜合金层的方法制成的。

第五节　缓蚀剂基本知识

一、缓蚀剂和缓蚀剂效率

缓蚀剂是一类化学物质或复杂混合物，当将它们少量加入环境（介质）时可以显著减缓环境对材料的腐蚀作用。缓蚀剂效率可用缓蚀率 γ 表示，它定义为：

$$\gamma=\frac{V_0-V}{V_0}\times 100\%$$

式中　V_0——无缓蚀剂时材料腐蚀速度；

V——有缓蚀剂时材料腐蚀速度。

实验室内常用测量极化曲线、按线性极化法来快速评价缓蚀剂效率，现场更多采用失重试片来评定缓蚀剂效率。

二、缓蚀剂分类和作用机理

缓蚀剂种类繁多，作用机理也不一样。但几乎都靠吸附在金属表面，改变电极动力学特性来起作用。大致可按以下几种规则来分类。

1. 按作用机理分类

（1）阳极型缓蚀剂

靠阻碍阳极过程降低腐蚀反应速度，常使被保护金属电位向正值方向移动（钝化）。这类缓蚀剂在用量不足时（不足以钝化），可能反而促进腐蚀加速，所以被称为“危险缓蚀剂”。典型例子有铬酸、亚硝酸、苯甲酸等。

（2）阴极型缓蚀剂

靠阻碍阴极过程降低腐蚀反应速度，常使被保护金属电位向负值方向移动。这类缓蚀剂用量不足时也不会使腐蚀加速，称为“安全缓蚀剂”。典型例子有聚磷酸盐、硫酸锌、砷离子等。

（3）混合型缓蚀剂

同时阻碍阴极和阳极过程来降低腐蚀反应速度，被保护金属电位可能变化不大。如：胺类等含氮化合物、硫醇等含硫化合物、同时含氮和含硫的化合物及其衍生物。

2. 按保护膜形式分类

（1）氧化膜形式

靠生成致密氧化物膜降低腐蚀反应速度，这类缓蚀剂又被称为“钝化剂”。如：铬酸钠被称为“阳极抑制型钝化剂”（通过促进阳极反应，使之超出致钝电流密度），亚硝酸钠称为“阴极去极化型钝化剂”（通过促进阴极反应，使其阳极电流超出致钝电流密度）。同上所述，这类缓蚀剂用量不足时可能会导致腐蚀加速。

（2）沉淀膜形式

靠沉淀反应在金属表面形成保护膜来降低腐蚀反应速度。如：聚磷酸盐、硫酸锌等。其保护作用一般不如氧化膜，而且需要和阻垢剂共同使用，以避免过度结垢带来的不良影响。

（3）吸附膜形式

按吸附形式又分为：物理吸附型（如胺类、硫醇等）和化学吸附（如砒啶、苯胺衍生物等）。

此外，按使用环境可分为：水溶性和油溶、中性和酸性、液相和气相等缓蚀剂。或按针对腐蚀类型，可分为防 CO_2 腐蚀缓蚀剂、防 H_2S 腐蚀缓蚀剂等。

按保护材料或设备，也可将缓蚀剂分为：钢铁缓蚀剂、铜缓蚀剂、铝缓蚀剂、油井缓蚀剂、冷却水系统缓蚀剂、锅炉缓蚀剂、石化工艺缓蚀剂等。

三、影响缓蚀作用的因素

影响缓蚀作用的因素很多，规律较复杂。

1. 被保护材料种类

多数缓蚀剂具有专一性，即：用于保护金属 A 的缓蚀剂不一定也能保护金属 B。例如：亚硝酸二环己胺是一种保护钢铁材料大气腐蚀的良好缓蚀剂，在包装纸内，对钢铁缓蚀作用长达数年，但对非铁金属，尤其是锌、镁、镉等产生加速腐蚀。同样，碳酸环己胺对钢、铝、锌有缓蚀作用，但对铜加速腐蚀。

2. 缓蚀剂浓度

缓蚀剂浓度对缓蚀率影响较复杂，大致有三种情况：（1）缓蚀率随缓蚀剂浓度增加而增大，例如：许多有机或无机缓蚀剂在酸性及浓度不大的中性介质中，都属于此类情况，一般按节约原则综合考虑缓蚀率和缓蚀剂消耗量；（2）某浓度下缓蚀率处于极值，例如，硫化二乙二醇浓度为 20mg/L 时，钢在 5M 盐酸中腐蚀速度最小，当浓度大于 150mg/L 时，缓蚀剂变成腐蚀促进剂，此时缓蚀剂决不能过量；（3）当缓蚀剂浓度不足时，出现腐蚀增强或点蚀等现象。例如，为减轻钢在盐水中腐蚀加入亚硝酸钠、铬酸盐、重铬酸钾、双氧水等氧化性缓蚀剂，浓度不足时会产生点蚀危险。

3. 温度

温度对缓蚀率的影响同样十分复杂，也可能有三种情况：（1）较低温度下缓蚀率好，温度升高后缓蚀率明显下降。许多有机或无机缓蚀剂都属于此类，如：硫酸中硫脲、盐酸中 ПБ—5 等缓蚀剂；（2）一定温度范围对缓蚀率影响不大，但超过某温度后缓蚀率急剧下降。例如，苯甲酸钠在 20～80℃水溶液中对钢有良好缓蚀作用，但在沸水中失去缓蚀效果，沉淀型缓蚀剂在介质沸点温度使用时大多会失去缓蚀作用；（3）温度升高，缓蚀率也随之增大。例如，硫酸中二卡硫、二卡亚砜、碘化物等，盐酸中含氮碱、生物碱等。

4. 流速

流速对缓蚀剂效率有很大影响，一般有以下情况：(1) 流速加快，缓蚀率下降。如：盐酸中三乙醇胺和碘化钾等缓蚀剂，有可能变成腐蚀促进剂；(2) 流速加快，缓蚀率上升。主要是因为流动有助缓蚀剂均匀扩散到金属表面；(3) 不同浓度下，流速对缓蚀率出现复杂变化。如：六偏磷酸钠/氯化锌 (4∶1) 的浓度大于 8mg/L 时，缓蚀率随流速增大而提高；但浓度小于 8mg/L 时，缓蚀率随流速增大而减小。

5. 材料表面状态

缓蚀剂靠吸附在材料表面起作用，所以材料表面状态对缓蚀效率有极大影响。工程上采用预膜处理方法，即：首先使被保护金属表面和较高浓度缓蚀剂接触，并保持一定时间，来提高缓蚀效率。

综上所述，缓蚀效率受许多因素影响，缺乏统一规律，所以实际使用前需经过一系列室内、室外和各种条件下的缓蚀剂评价实验。

第六节　常见的缓蚀剂物质

一、气相缓蚀剂 (见表 7.2)

表 7.2　常用的气相缓蚀剂物质

物质名称和分子式	结构式	主要性质	保护对象
亚硝酸二环己胺 $[(C_6H_{11})_2NH]HNO_2$ 代号：VPI	$\left[\text{H}_2\text{C}\langle\begin{smallmatrix}\text{CH}_2-\text{CH}_2\\ \text{CH}_2-\text{CH}_2\end{smallmatrix}\rangle\text{CH}-\text{NH}_2\right]_2\cdot H_2CO_3$	白色晶体，熔点 175℃，蒸汽压 10^{-4} mmHg 柱① (20℃)，微溶水，遇到强酸、碱分解	保护钢铁，但可能加速 Zn，Mg，Cd 腐蚀

续表

物质名称和分子式	结构式	主要性质	保护对象
环己胺 $[(C_6H_{11})-NH_2]_2CO_2$ 代号：CHC	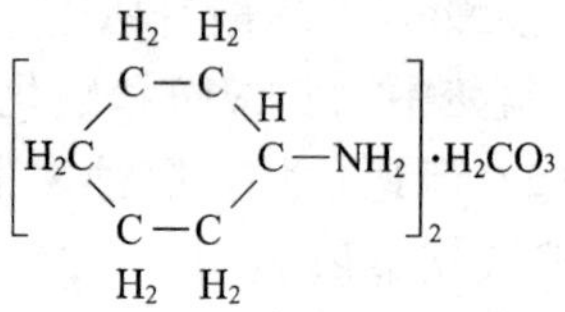 $\left[H_2C(CH_2)_2(CH_2)_2CH-NH_2 \right]_2 \cdot H_2CO_3$（环：$H_2C$、$C-C$（$H_2$ H_2）、C（H）$-NH_2$、$C-C$（H_2 H_2））	白色晶体，熔点110℃，蒸汽压0.4mmHg柱（25℃），溶于水：556g/L	保护Fe，Zn，Al，Sn，Cr等金属，对铜、黄铜腐蚀
硝基苯甲酸六次甲基亚胺 C_6H_{12} NH—HOOC—C_6H_3—$(NO)_2$	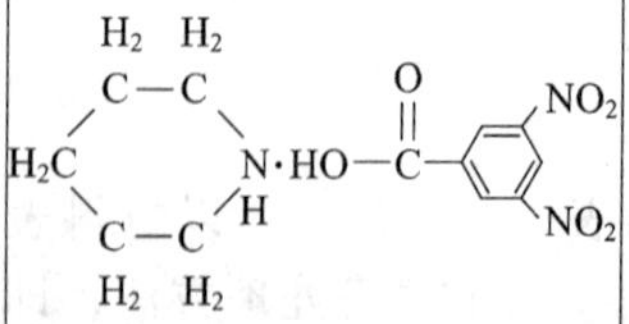 环：H_2C、$C-C$（H_2 H_2）、N（H）、$C-C$（H_2 H_2）；$N\cdot HO-\overset{O}{\overset{\Vert}{C}}-C_6H_3(NO_2)_2$	微黄色晶体，熔点195℃，蒸汽压0^{-4}mmHg(20℃)，溶于水(2.3%)，溶于醇(4.0%)	俗称万能缓蚀剂，保护Fe，Cu，Al，Sn，Pb，Ag，Ni，Cr，Zn，Cd，Mg等金属
苯并三氮唑 $C_6H_5N_3$ 代号：BTA	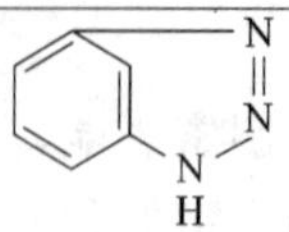 苯环并五元环：$N=N-N(H)$	白色针状晶体，熔点95～100℃	保护铜和铜合金，可与其他缓蚀剂混合使用

①1mmHg柱＝133.322Pa。

二、冷却水系统的缓蚀剂（见表7.3）

表7.3 常用的循环冷却水系统缓蚀剂物质

物质	分子式	用量 mg/L	优缺点	使用条件
亚硝酸钠	$NaNO_2$	＞200	低价，操作方便，但致癌，易诱发微生物生长，有污染	只用作为酸洗后的钝化剂
铬酸钠	Na_2CrO_4	200～500	高效、操作方便，但有毒，易还原分解，污染环境	中碱性环境，用量须充足

续表

物质	分子式	用量 mg/L	优缺点	使用条件
聚磷酸盐	$[Na_2PO_3]_n$—ONa	5～35	高效、低价、无污染，但易水解，形成水垢，诱发藻类生长	pH 值为 6.5～7.0 常和其他联合使用
钼酸钠	$Na_2MoO_4 \cdot 2H_2O$	>30	毒性低，操作方便，但缓蚀效率低，价格较高	常和聚磷酸盐等联合使用

三、油气生产环境的缓蚀剂

目前油气工业采用的高分子缓蚀剂大多为含氮、含硫或含氧化合物，其外层轨道含未共轭电子对、含双键，三键的化合物必须存在 π 键，便于和金属相互作用。例如含硫缓蚀剂有：磺酸胺、硫脲、硫醇及其衍生物；含氧缓蚀剂有：羧酸盐、醚、酮、醇等衍生物。应用最广泛是长烃链的含氮缓蚀剂，如：咪唑啉类、季胺类、砒啶、嘧啶类衍生物。根据溶解性能和缓蚀对象，大致分为：烃溶性硫化氢缓蚀剂、水溶性硫化氢缓蚀剂、水分散性氧腐蚀缓蚀剂三类。产品多为某些化工过程副产品或残渣，呈复杂混合物状态，常以代号表示，如：7019（抗硫化氢缓蚀剂）、7623（油井酸化缓蚀剂）、4501（炼厂缓蚀剂）等。

第七节　缓蚀剂应用技术

缓蚀剂使用是一项系统工程，需要考虑：被保护金属种类、应用环境、对环境安全性和经济合理性等多方面因素。选择缓蚀剂还特别要考虑近年对环保越来越高的要求，例如，含砷化物、亚硝酸盐、Cr^{+6} 等有毒成分缓蚀剂已逐渐被淘汰，代之以低毒、安全的缓蚀剂。在我国，缓蚀剂目前主要应用在（1）石油、天然气开采中防止二氧化碳、硫化氢等对井壁、套管及井下设备的腐蚀；（2）炼油过程中防止油气中盐类、硫化物、环烷酸等对管、罐、容器设备的腐蚀；（3）冶金和机械制造业对钢铁材料或容器进行酸洗除锈、除垢、除氧化皮等过程中采用酸洗缓蚀剂防止金属腐蚀；（4）开放式循环冷却水中采用缓蚀剂和其他水处理药剂联合作用调节水质，改变水的腐蚀性、结垢性；（5）金属设备及零部件包装、储存过程采用防锈油脂、气相缓蚀剂防止大气腐蚀，或对闲置锅炉、管道等设备采用缓蚀剂溶液充填保护；（6）合成氨、制碱等化学工业使用工艺缓蚀剂防止原料、产物对设备的腐蚀。

缓蚀剂一般为粉末或液体，使用中如何加入和加到什么部位都需要加以研究。曾对管道内不同部位注入缓蚀剂的效果作过比较，确定加入部位的一般原则是：缓蚀剂容易被分散和容易到达被保护金属表面。缓蚀剂加入方法十分重要，归纳起来主要有以下技术。

1. 溶液注入技术

先将缓蚀剂稀释成所需浓度的溶液。水溶环境用水为溶剂；油溶环境用汽油、煤油等油品稀释。用泵将缓蚀剂溶液注入到所需部位，注入方式分为连续式和间隙式两种。前者较容易控制缓蚀剂浓度，但耗用缓蚀剂量较大。间隙式注入，即每隔一固定时间注入一定量缓蚀剂。间隙注入需要根据缓蚀剂消耗情况确定注入周期，往往涉及现场缓蚀剂浓度监测或缓蚀效果评价等难题，但该方法优点是操作简单，而且一次注入较高浓度缓蚀剂有利于被保护金属的表面预膜。

2. 吸附释放技术

将缓蚀剂吸附到某种载体中，然后加到环境中。如，为防止储油罐底沉积水对罐底板的腐蚀，将吸附有缓蚀剂的砖块置于罐底，以便不断释放足够浓度的缓蚀剂。将缓蚀剂和高浓度氯化锌溶液配制成加重溶液，将这种高相对密度溶液注入井下，沉于井底，可对不含硫化物的井下环境起缓蚀作用。国外还有将缓蚀剂和氮气载体制成气溶胶喷入储罐内部空间保护罐顶板的事例。使用气相缓蚀剂时，常常将缓蚀剂加到牛皮纸、塑料布、薄膜、泡沫塑料中，然后用它们包装零部件或放置在仪器设备内部某些狭小空间部位。

第八章　防腐蚀技术——材料/环境界面

第一节　覆盖层基本知识

一、覆盖层含义

覆盖在材料表面、与材料有一定结合强度的异种材料层或膜通称覆盖层。覆盖层是传统涂层的扩展。涂层指某种流动性介质（涂料），涂覆到材料表面后所形成的自干性保护膜层，例如传统油漆之类。而现代覆盖层除了涂层外，还包括其他材料，例如，在埋地管道外防护经常使用的高密度聚乙烯薄板（俗称“黄夹克”）、塑料胶带等；化工容器内防护用的砖板衬里、石墨内衬等，它们没有流动性和自干性，不能归到涂层范畴，用覆盖层作总名称更为合适。本书所说覆盖层均指防护性覆盖材料，不涉及纯装饰性的覆盖层。

覆盖层技术是研究覆盖层自身材料、覆盖工艺、覆盖层性能和检测技术，正如过去用涂装技术来表示有关涂料本身、涂敷工艺、涂层性能和检测技术一样。

前面说过，覆盖层技术着眼材料—环境界面，靠“堵”的方法，即：隔离材料和环境而起保护材料的作用，许多情况下，这是最直接和最有效的简便方法。但它不总是绝对可靠的，美国 ASTM B31. 8S《天然气管道体系的完整性》标准（2001 年版）特意告诫说：“不存在绝对完美无缺的覆盖层”，任何优秀的覆盖层都应视为有一定缺陷的。另外，某些情况下，施加覆盖层使腐蚀集中在更小面积区，反而造成有害作用，在介绍杂散电流腐蚀、电偶腐蚀时都曾提过这种现象。

二、覆盖层基本条件

防护性覆盖层应满足以下基本条件：

(1) 自身结构紧密完整，具有较好的抗水、气渗透能力；

(2) 和底层（母材）有较好结合强度（最好具有相似热膨胀率）；

(3) 在使用环境下具有较稳定的物理、化学、机械性能；

(4) 有一定的厚度。

三、覆盖层保护机理

覆盖层保护机理来自以下三种作用之一。

1. 阻隔作用

覆盖层都有一定致密性，能有效阻隔水、氧气等腐蚀成分渗入并和底层金属发生腐蚀反应。根据这个思路，可以有意识强化覆盖层这种功能。例如：在普通涂料里加入玻璃鳞片得到的鳞片涂料、用完整金属箔或尼龙箔制作的薄膜胶粘带、用黄夹克塑料板制作的三层 PE 复合防护层等。图 8.1 表示用玻璃鳞片强化涂层阻隔作用的放大示意图。鳞片使水、气渗透路径成倍增大，提高涂层防护能力。这类强化了防护能力的涂料常被称为“重防腐涂料”。

2. 阴极保护作用

某些覆盖层含有活性金属成分，如：钢铁表面锌涂（镀）层，一旦涂层有空隙，侵入水、气后形成电偶腐蚀，锌为阳极，加速腐蚀，保护作为阴极的铁板。只要锌层没有消耗完，这种保护作用就一直存在。含锌的覆盖层统称为锌基覆盖层，除上述金属镀层外，还有锌箔胶粘带和锌粉涂料。当胶粘带底胶采用导电胶，锌粉涂料中金属锌粉含量超过 85%以上时，这种阴极保护就可能存在。高锌粉含量的涂料常称为富锌涂料，也是一种“重防腐蚀涂料”。金

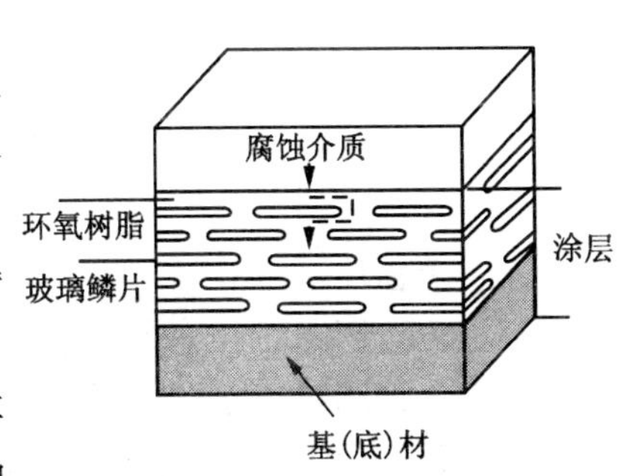

图 8.1 玻璃鳞片强化涂层阻隔作用的示意图

属铝也用作类似用途，如：钢表面喷铝覆盖层，能有效抵抗海洋大气的腐蚀。

3. 钝化、缓蚀作用

许多传统防锈涂料的底漆填料往往具有缓蚀或钝化作用，代表例子有：红丹防锈漆加了作为填料的红丹（Pb_3O_4），它可看做铅酸铅盐，是一种良好钝化剂，涂漆后使钢铁表面保持钝态，不受腐蚀。类似填料还有铬酸锌、磷酸盐等。水泥作为一种无机涂层同样具有这种作用，它使其内部钢筋处于钝态，不受腐蚀。

阻隔作用是覆盖层的最基本功能，其余两种功能并非对每种覆盖层都存在。但有些覆盖层确实具有多种保护功能。如：美国国家标准局进行的土壤腐蚀试验中发现：0.95kg/m^2 的镀锌钢板在腐蚀性极强的渣土中头两年内锌镀层就已经完全破坏，但它的保护作用仍延续多年，他们研究认为后期保护作用可能来自锌和钢在热浸镀过程形成的合金层。所以，锌镀层至少同时具备阻隔功能和阴极保护功能，以及还不能十分确定的某种钝化或缓蚀功能。

第二节　覆盖层分类

一、覆盖层基本分类

根据覆盖层保护机理，可将覆盖层分为：以阻隔作用为主的覆盖层、以阴极保护作用为主的覆盖层和以钝化，缓蚀作用为主的覆盖层。不过习惯上按覆盖层材料性质和特性，将覆盖层分为以下四大类：

（1）金属覆盖层（如：电镀、喷镀、化学镀、浸镀、碾压等得到的金属涂层）；

（2）非金属覆盖层（如：油漆、塑料、橡胶、沥青、搪瓷、水泥等涂层）；

（3）化学转化膜（如：氧化膜、磷化膜等）；

（4）暂时保护层（如：防锈油脂、可剥塑料等）。

其中一、二类是主要的覆盖层类型，按照覆盖层材料性质来划分的。第三类是采用化学方法在金属表面就地生成的，而不是外加的覆盖层，一般厚度较薄，防护性能也较有限。第四类用于临时性的，不作为永久性使用的目的。

二、金属覆盖层的分类

（1）按制造方法分类，见表8.1。

表8.1　金属覆盖层的常见施加方法

方法名称	施加覆盖层的简单原理	特　　点
电镀	在电解质溶液中，以工件为阴极，原料金属为阳极，通过直流电，使得阳极金属沉积到阴极工件表面	厚度均匀，易控制，工件需导电
化学镀	将工件浸到特制的化学镀溶液中，无需通电，利用化学置换或氧化还原反应，在工件表面沉积覆盖层	同上，但工件无需导电
喷镀	利用压缩空气等动力将熔融金属喷成雾状，沉积到工件表面，细分为：火焰、电弧、等离子、爆炸等喷镀	设备简单，但镀层针孔较多
渗镀（表面合金化）	工件埋设在渗镀粉（如：Zn，Al，Cr，Si或其合金粉加 Cl^-，F^- 等促进剂），高温、高压下维持一定时间	一般用于小型零件
热浸镀	工件浸到另一种熔融金属（如：Zn，Sn，Al）槽内，取出冷却后得到该金属的覆盖层	最古老方法，对Zn层使用较多
碾压法	将薄层耐蚀金属用物理或机械方法碾压到工件表面，得到耐腐蚀的金属覆盖层	

防腐蚀金属覆盖层实例有金属镀铬（电镀），耐磨零件表面镍磷镀（化学镀）；防大气腐蚀的喷锌、喷铝等（电弧喷镀）；化工零部件渗铝处理（渗镀）；高速公路护拦钢板热浸镀锌处理；普通钢板外覆不锈钢或纯铝板外覆耐蚀铝合金的复合板材（碾压法）等。

（2）按防护机理分类，见表 8.2。

表 8.2　金属覆盖层的防护性能

种　　类	阳极覆盖层	阴极覆盖层
基本特征	覆盖金属电位负于母材金属，组成电偶时，母材为阴极，受保护	覆盖金属电位正于母材金属，组成电偶时，母材为阳极
实际例子	Zn 覆盖在 Fe 表面、Al 在 Fe 表面	Sn 覆盖在 Fe 表面
保护机理	阻隔作用、阴极保护作用	阻隔作用

三、非金属覆盖层分类

用作防腐蚀目的的非金属覆盖层有：涂料、塑料、橡胶、沥青、搪瓷、水泥、石墨等。其中涂料是传统的覆盖层材料，早在两千多年前，中国就使用一种天然植物分泌物加工制成涂料，用来对木器等防腐，或直接制成各种精美漆器。这种涂料一直流传到今天，民间俗称“大漆”，国外则称为“中国漆”，至今仍不失为一种优良涂料。

除了涂料外，塑料、橡胶、石墨等固体板材也广泛用于化工容器设备的内衬。

第三节　表面处理和涂料施工

一、表面处理技术

施加覆盖层前需对被保护金属表面作认真清理，良好的表面基础才能得到良好的覆盖层。有人估计，表面处理费用约占整个涂装工艺费用的38%～40%、比涂料费用要高出一倍以上。表面处理好坏对涂层质量影响极大，俗话说：“三分涂料、七分施工”，其意思是高质量涂料施加在处理极差的金属表面肯定得不到好的效果，其结果可能比稍差涂料施加在良好表面时还要糟糕。表面处理是涂料施工前重要环节，其好坏对获得的涂层质量起关键作用。

表面处理主要目的是：除锈、除油、除污、提高表面粗糙度（增加和覆盖层的结合强度）。以钢铁表面为例，一般可采用机械法和化学法。

机械法的表面处理有以下方法：

（1）工具除锈。手工（敲、铲、刮、刷、磨等），动力（旋转钢丝刷、冲击除锈等）。

（2）喷、抛丸除锈。利用专用设备，以钢丸或磨料颗粒冲击，获得干净表面。

（3）磨床加工研磨。一般用于室内、小型样品的除锈、加工。

化学法的表面处理有以下方法。

（1）脱脂步骤：碱液除油、电化学除油（阴、阳极电解）、有机溶液除油等。

（2）酸洗除锈步骤：化学酸洗除锈、电化学除锈（阴、阳极电解）等。

（3）磷化处理步骤：获得暂时性保护和提高表面对涂层结合力。

钢铁表面处理有严格等级标准，可用标准图谱对照确定。表 8.3 给出目前流行标准。

表 8.3　除锈等级标准（ISO—8501、GB/T 8923、SY/T 0407）

	代号	名称	外　观　要　求
喷丸	Sa1	清扫级	表面无可见油脂污垢、无松脱氧化皮
	Sa2	工业级	无油脂污垢和氧化皮，只遗留少量牢固附着物
	Sa2.5	近白级	无油脂污垢和氧化皮，只留点、条状轻微色斑
	Sa3	白级	无油脂污垢和氧化皮，显示出均匀的金属光泽
手动	St2	手工工具	无油脂污垢和附着不牢的氧化皮
	St3	动力工具	无油脂污垢和氧化皮，显示出均匀的金属光泽

二、涂料施工技术

涂料施工（涂装工艺）是一项专门技术。从工序上说，一般分为：表面处理、底涂（加底漆）、中涂、面涂（加面漆）、表面修饰（防护性涂层可以不要）。以下是其部分要点。

（1）根据被涂表面特性选择合适的涂料底漆。一般要求见表 8.4。

表 8.4　不同材料的底涂料选择

被涂材料	可供选择的底漆
钢铁、铸铁、铸钢	铁红醇酸、酚醛、环氧、过氯乙烯底漆；红丹底漆；丙烯酸底漆；富锌底漆；磷化底漆；沥青底漆等
铝及合金	锌黄纯酚醛、环氧底漆；铁红环氧电泳底漆；磷化底漆等
铜及合金	锌黄纯酚醛、环氧底漆；铁红醇酸底漆；磷化底漆等
锌及合金	磷化底漆；锌黄纯酚醛底漆等
钛及合金	氯化橡胶底漆等
混凝土	过氯乙烯；苯乙烯；环氧树脂等涂料

（2）根据使用场合和目的确定涂层厚度、涂刷次数、涂层结构等。相同厚度下多次涂刷效果较好，必须等前道涂料基本干燥后再涂下道涂料。一般保护性涂层需涂 2～3 道，重防护涂层需涂更多道，有时用玻璃纤维布等加强涂层。埋地环境使用的涂层要有一定厚度（2mm 以上），以确保使用寿命。大气环境的涂层可以较薄。

（3）选择正确施工方法。根据涂料性质和对涂层要求，有各种涂刷方法。如：刷涂、刮涂、浸涂、空气喷涂、无气喷涂、静电涂装、电泳涂装、粉末涂装等。

（4）相应配套技术有：涂料定额预算、涂层干燥技术、涂装环境保护监测、涂层质量检测技术等。

第四节　几种重要的金属涂层

一、镍涂层

镍涂层通常用电镀法获得，有时为使镍涂层薄而均匀，先在金属表面镀一层铜，因为铜容易被抛光，而且可减少镍用量（镍贵铜贱）。室内使用时，0.008～0.013mm 的镍涂层足以满足多种使用要求。室外使用时，镍涂层厚度规定为 0.02～0.04mm。镍在工业大气中会发生一种称为“镍雾”现象，原因是生成碱式硫酸镍，降低表面光泽度，为防止出现镍雾，常在镍层外面再沉积一层非常薄（0.0003～0.0008mm）的铬涂层，这种涂层俗称“克罗米”，其主要成分还是镍涂层，它们具有很好的抗腐蚀性能和装饰性能。

另一种获得镍涂层方法为化学镀，是靠镍盐被次磷酸钠等成分在溶液中还原，并直接沉积在金属表面。这种涂层约含 7%～9%的磷，具有很好的耐磨性能和抗腐蚀性。

二、锌涂层

锌涂层可以用热浸法、电镀法或喷镀法得到，前一种方法在 18 世纪就开始使用。电镀法得到的涂层有较好延展性，热浸法锌涂层因含锌－铁金属化合物而带一定脆性，但两种方法锌涂层的耐腐蚀性能相差不大。喷镀法得到的锌层不均匀、多孔。锌涂层钢板在大气环境，包括腐蚀性较强的海洋大气有很好抗腐蚀性。0.03mm 的锌涂层在农村大气中可保持 11 年、在海洋大气中保持 8 年，但在含硫的工业大气中只能维持 4 年。锌涂层在海水中也有很好抗腐蚀性，每 0.03mm 锌涂层相当一年使用寿命，此时钢板虽维持不锈，但锌层消耗较快。锌层对钢铁是一种阳极性涂层，以锌的牺牲换取对钢铁的保护，但是在含空气的热水中，温度超过 60℃时，锌和铁的电位极性可能发生逆转，锌变成惰性涂层，引起钢铁点蚀。有人统计，输送热水的镀锌钢管，其点蚀大约是未镀锌管的 1.2～2 倍。极性逆转的原因和锌腐蚀产物结构改变有关。作为牺牲阳极时，锌表面生成绝缘的氢氧化锌或碱式锌盐，但极性逆转时则生成半导体性质氧化锌，它们在含空气水中起氧电极作用，其电位比金属锌和铁都要正。

三、锡涂层

1980年统计，全世界锡涂层消耗达13.6×10^6t。电镀法很容易获得薄而均匀的锡层，锡盐的无毒性使得镀锡钢板在饮料和食品工业应用广泛。用于罐头容器的镀锡层只有0.0005mm厚，如此薄的涂层只有像牺牲阳极那样，才能确保基体不腐蚀。锡的标准电位为-0.136V，比铁（-0.440V）要正，所以在容器外，锡对铁是惰性涂层。但容器内Sn^{2+}被食品中有机酸等成分络合，使锡电位负移到负于铁的电位，成为牺牲阳极。锡是两性金属，在酸和碱中都能起腐蚀反应，但在中性水中有良好耐蚀性，历史上曾长期用作蒸馏水管材料，只是因为价格贵，后来才被铝等材料代替。

四、容器用的镀铬钢板

锡涂层钢板现已日益被一种称为无锡钢板（TSF）的材料代替，其施加方法是：先在钢板上涂0.008～0.01μm的极薄铬层，再涂一层氧化铬层（约含Cr5～40mg/m^2），最后加有机涂层封闭。由于价格优势、良好存储性能、抗硫化物腐蚀、拉丝状腐蚀能力和优良结合力，这类涂层钢大量用来制作易拉罐之类容器。铬有强烈钝化倾向，在水溶液中铬电位较铁为正，但铬和铁偶接，特别在酸性环境，铬涂层呈现活化态的电位，起牺牲阳极保护作用。这和锡涂层十分类似，只是前者极性逆转来自钝化—活化现象，后者来自络合作用。

五、铝涂层

钢表面铝涂层一般采用热浸法或喷镀法得到，小工件也可采用扩散渗透法。热浸法铝熔槽中常添加溶解的硅，以防止脆性合金层产生。喷镀法得到的铝层多孔，需用有机涂料封闭。扩散渗透法制作过程为：在1000℃、氢气气氛保护下，将工件在氧化铝粉末（加少量NH_4Cl之类助熔剂）中振荡并保持一定时间，形成铝-铁表面合金。铝涂层性质多变。在淡水中，铝电位比铁正，起惰性涂层作用，但在海水中，铝电位变负，是钢铁材料良好的牺牲阳极，特别是在含硫化物的石油环境中，铝涂层也有较强抗腐蚀能力。例如：0.08mm的铝涂层平均寿命达12年，而同厚度锌涂层，不管是电镀、喷镀还是热浸法得到的，都只有7年。

第五节　有机涂料和涂层

一、涂料的基本知识

和固体覆盖层不同，涂料是指能流动的、但涂覆到被保护表面后可形成自干性或催干性保护膜层的材料。涂料在材料表面形成的干性膜层称为涂层。涂料可以是固体粉末（如：环氧粉末涂料），但多数为液体材料。日常生活中经常将液体类涂料称为“漆”，油漆就是其中之一。

涂料基本成分有以下三种：

（1）成膜物质。它们在一定条件，例如：放置时间、温度、氧气、水分或其他物质的作用下形成固态的膜层。它们是涂层性质最主要决定因素。

（2）填料、颜料。它们为涂层提供体质或颜色，也参与成膜过程，有时称它们为次要成膜物质，它们是涂层主体，对涂层性质有重要影响。

（3）溶剂和助剂。前者为涂料提供足够的稀释度和流动性，以便于施工，后者是为改变涂料性质所加的少量添加剂，如：催干剂、防干剂、增塑剂、稳定剂等。

表8.5给出组成涂料的常用物质成分。

以下三种俗称在涂装技术中经常出现，其含义分别如下：

（1）以油料和天然树脂为成膜物质的涂料俗称“油漆”；

（2）不加颜料和填料的透明漆料俗称为“清漆”；

（3）加了颜料和填料的漆料俗称为“色漆”或“调和漆”。

清漆一般用作面漆，起罩光作用，而色漆可用作底漆（紧靠金属表面使用，往往还需加防锈成分），也可用作面漆，例如：磁漆、调和漆等。

表 8.5　组成涂料的常用物质成分

类　别	涂料的成分	常用的物质	俗称
成膜物质	油料	桐油、亚麻仁油	油漆
	天然树脂	松香、沥青、虫胶	
	合成树脂	酚醛、醇酸、环氧、氯化橡胶	
填料、颜料	着色颜料	钛白粉、氧化铁、立德粉、石墨粉	
	防锈颜料	红丹、锌黄、铝粉	
	体质填料	瓷粉、石英粉	
溶剂、助剂	溶剂（稀料）	溶剂汽油、苯、酯类（如香蕉水）	
	助剂	催干剂、防干剂、增塑剂、稳定剂等	

二、涂料分类和命名

按成膜物质可将涂料分为 17 类，将稀释剂等辅料另作一类，一共 18 类（表 8.6）。

表 8.6　涂料产品分类表

序号	代号	涂料产品类别	代表性成膜物质
1	Y	油脂涂料	天然动植物油、清油、合成干性油
2	T	天然树脂涂料	松香、虫胶、乳酪素、动物胶、大漆及衍生物
3	F	酚醛树脂涂料	纯酚醛树脂、改性酚醛树脂、二甲苯树脂
4	L	沥青树脂涂料	天然沥青、煤焦油沥青、石油沥青
5	C	醇酸树脂涂料	甘油醇酸树脂、各种改性醇酸树脂
6	A	氨基树脂涂料	尿（或三聚氰氨）（甲）醛树脂和改性氨基树脂
7	Q	硝基树脂涂料	硝化纤维素和改性硝化纤维素
8	M	纤维素涂料	醋酸纤维、卞基纤维、乙基纤维、羟甲基纤维等
9	G	过氯乙烯涂料	过氯乙烯树脂、改性过氯乙烯树脂
10	X	乙烯树脂涂料	聚乙烯醇缩丁醛树脂、氯乙烯—偏氯乙烯共聚物、聚苯乙烯、石油树脂
11	B	丙烯酸树脂涂料	丙烯酸树脂、丙烯酸共聚树脂及其改性树脂
12	Z	聚酯树脂涂料	饱和聚酯、不饱和聚酯

续表

序号	代号	涂料产品类别	代表性成膜物质
13	H	环氧树脂涂料	环氧树脂、改性环氧树脂
14	S	聚氨酯涂料	加成物、预聚物、缩二脲及异氢脲酸酯多异氢酸酯
15	W	元素有机聚合物涂料	有机硅、有机钛、有机铝、有机磷等
16	J	橡胶涂料	天然橡胶及衍生物、合成橡胶及衍生物
17	E	其他涂料	无机高聚物、聚酰亚氨树脂等非上述16类成膜物
18		辅助材料	松香水、二甲苯、催干剂、防潮剂等

第六节　无机涂层和内衬

一、釉瓷涂料

釉瓷、玻璃、搪瓷涂层都是依靠一定配方配制的粉料（浆料），借助熔化过程涂覆到钢铁、铜、黄铜或铝等金属表面。其涂层基本成分是碱性硼硅酸盐，原料来自：粘土、长石、高岭土及各种金属氧化物，配方差异很大，性质也不相同。它们很高保护能力主要来自涂层阻隔功能，水或空气很难渗透这类涂层，此外，像搪瓷涂料具有和金属类似的热膨胀系数，和金属表面有很好结合力，许多这类涂层还有耐温特性。这类涂层共同缺点是易受机械损伤、不耐热震（温度剧变下易产生裂纹）。这类涂层可用作食品、化工、制药工业容器涂层；也适合制作大气中使用的广告牌、装饰性面板；作为耐高温涂层，它们在航天工业也大有用途（如：作为飞机喷气管的涂层等）。

二、水泥涂料

普通（硅酸盐）水泥涂层具有价格低、膨胀系数（1.0×10^{-5}/℃）和钢（1.2×10^{-5}/℃）接近、易施工和易修复等优点。常用作铸铁或钢制管道内涂层（对水介质）或外涂层（对土壤）。有时也用作热水、冷水、高矿化度盐水储罐的内防护层，或油罐的内防护层（水泥涂层必须充分干燥8～10d后才能和油类接触）。普通水泥涂层的缺点是不耐酸、对机械损伤和热震十分敏感。水泥层施加方法有离心法、涂刷法和喷涂法，通常厚度在 5～25mm。

三、内衬覆盖层

环境特别恶劣或对腐蚀控制特别严格时，如石化、湿法冶金、制药、食品工业的容器内壁，通常加上厚层塑料、橡胶、石墨、水泥或其他耐蚀材料的内衬，用来防止酸、碱或其他介质对容器的腐蚀和腐蚀产物对容器内介质的污染。表 8.7 给出部分内衬材料种类及其特性。

表 8.7　内衬覆盖层材料

内衬材料名称	主要使用特性	施工方法
软聚氯乙烯	耐酸、碱、盐，价低、易修复，<95℃	焊接、粘贴
氯丁橡胶	耐酸碱、耐磨、粘接力强，－35℃～130℃	刷涂、粘贴
聚四氟乙烯	耐王水、浓酸、浓碱、有机溶剂，200℃内	喷涂、浇注
浸渍石墨	耐稀酸腐蚀、耐热、热导性好，<170℃	用胶泥粘贴
玻璃钢	耐酸碱等化学介质、污水、油类，150℃内	刷涂、粘贴
水泥	耐海水、污水，常温范围	离心、喷涂

第七节　中国管道的外覆盖层

一、功能和指标

管道外覆盖层起着阻隔管道和外部环境（土壤、水、空气）腐蚀介质作用，它和管道阴极保护体系共同组成了有效的管道外防腐体系。

管道外覆盖层的质量常用其面电阻指标来衡量，一般说，覆盖层面电阻越大，其缺陷越少，覆盖层质量也越好，同时，在采用阴极保护时所需保护电流密度也越低。表 8.8 给出按面电阻指标划分的覆盖层等级。

图 8.2 为常用覆盖层和阴极保护电流密度的对应关系。

表 8.8 覆盖层等级和面电阻指标

等级	覆盖层损坏情况	面电阻，Ω·m^2	等级	覆盖层损坏情况	面电阻，Ω·m^2
优	没有破损	>10000	不好	较大面积破损	50～500
良	几个	2500～10000	坏	强烈、严重损坏	5～50
满意	少量极细小破损点	500～2500	很坏	几乎没有覆盖层	<5

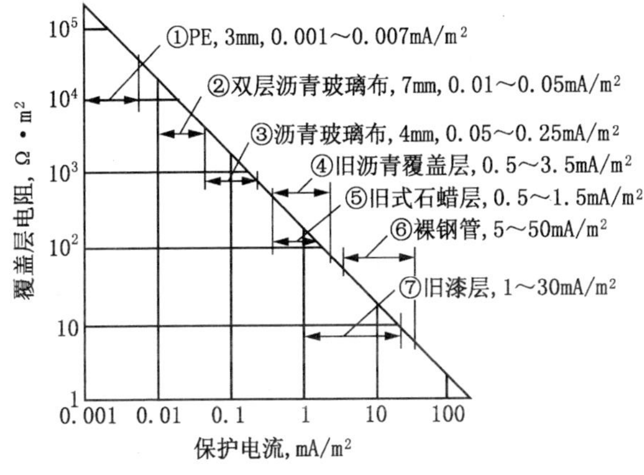

图 8.2 覆盖层和阴极保护电流密度关系

二、要求和等级分类

按中国技术规范，新建管道都应施加外覆盖层。管道外覆盖层基本要求归纳起来有四个方面：电性能、机械性能、稳定性能和经济性能。具体说有：电绝缘、耐高电压击穿、抗阴极剥离、抗冲击、抗弯曲、抗磨损、能忍受土壤应力变化、良好粘结力、耐腐蚀、耐老化、耐微生物、耐热、耐低温、耐渗透、吸水性小、成本低、易施工、易修补等性能。

管道外覆盖层因使用环境、要求、目的不同，分普通级、加强级和特加强级等几类。

表 8.9　管道涂层结构和厚度

项目	普通级		加强级		特强级	
	结构	厚度，mm	结构	厚度，mm	结构	厚度，mm
沥青涂层	三油二布	≥4.0	四油三布	≥5.5	五油四布	≥7.0
环氧煤沥青	一底二面	≥0.3	二面一布	≥0.4	三面二布	≥0.6
煤焦油瓷漆	底—磁—面	≥3.0	加一内带	≥0.4	加二内带	≥5.0

注：油（油漆）、布（玻璃纤维布）、底（底漆）、面（面漆）、磁（磁漆）、内带（内缠带）。

三、中国埋地管道外防护层体系

中国管道外覆盖层最早使用沥青，20 世纪 30 年代就开始应用：以 10 号建筑沥青和防腐石油沥青等为基体，中碱玻璃纤维布为增强材料，最外层为 PVC 或 PE 塑料膜防水层。普通级到特强级的厚度分别为：大于 4.0mm、大于 5.5mm、大于 7.0mm。60 年代开始引进使用熔融环氧粉末材料和聚乙烯（PE）胶带，夹克板等作为覆盖层材料。近年来国内外管道工程流行的三层 PE 结构是一种复合覆盖层：先在钢管外表喷涂熔融环氧粉末层，然后再施加一层中间胶粘层，最后采用高密度聚乙烯板制成整体管道外层。这种结构有良好的综合防腐蚀性能，但价格偏贵。表 8.10 归纳了中国埋地管道常用外防护层种类及性能。

表 8.10　中国常用的埋地管道外防护层体系

防护层名称	开始使用	主要优点	主要缺点	寿命年	价格比
石油沥青	20 世纪 50 年代	原料足，价格低，技术成熟	耐温差、易受机械破坏	15	1.00
聚乙烯（夹克板）	20 世纪 70 年代	耐磨、整体性好、施工技术成熟	价高、补口难、不用于穿越管	50	2.11

续表

防护层名称	开始使用	主要优点	主要缺点	寿命年	价格比
聚乙烯胶带	20世纪70年代	施工简便、价低	粘结性稍差	30	1.07
环氧煤沥青	20世纪70年代	抗菌、耐潮湿	抗冲击差双组分、施工较难	>15	1.43
熔结环氧粉末	20世纪80年代	粘结力强、耐温好、机械性能好	价高，施工要求高，薄涂层易损伤	>30	2.18
煤焦油瓷漆	20世纪80年代	耐化学介质、抗菌、吸水率低	耐温差、易受机械损伤，毒性大	>30	1.69
三层PE	20世纪90年代	综合效果好，综合夹克板和环氧粉末的优点	价格较贵	50	2.0

注：表中价格为20世纪80年代数据，比值以石油沥青为1（59元/m^2）得到，应参照最新价格。

第八节　化学转化膜和暂时保护层

一、化学转化膜

化学转化膜是通过化学药剂或电流作用在金属表面生成的比天然膜有更好保护作用的膜层。它是就地生成的，而不像其他覆盖层是外加的。例如：喷涂得到铝涂层采用水蒸气强制氧化方法得到致密氧化铝层来减少涂层空隙率。钢板镀锌后常用铬酸盐进行钝化处理，提高防护性能。对钢铁材料而言，最常见的化学转化膜有氧化膜和磷化膜两种。

1. 氧化膜

用氧化剂处理钢铁表面可得到一种蓝色或黑色膜层，这个过程俗称“拷蓝”或“发黑”处理。膜层主要成分为磁性氧化铁（Fe_3O_4），厚度只有几个微米，有良好防大气腐蚀能力，但不耐较强腐蚀环境。表8.11是几种具体的处理工艺和方法。

表 8.11　钢铁表面的氧化处理①

项目	氧化剂溶液成分	温度、时间
碱性氧化法（二步法）	(1) $NaOH$(500～600g/L) + $NaNO_2$ (100～150g/L) (2) $NaOH$(700～800g/L) + $NaNO_2$ (150～200g/L)	135～140℃，15～20min 145～152℃，60～90min
酸性氧化法（一步法）	$Ca(NO_3)_2$(150～200g/L) + MnO_2(10～15g/L) + H_3PO_4(3～10g/L) + 水(1L)	100℃，40～50min

①引自魏宝明，《金属腐蚀理论及应用》，北京：化工出版社，1984 年，297 页。

铝表面氧化膜可用化学氧化或电化学阳极氧化得到，与金属结合好，有时用作铝合金表面刷漆前的底涂层，以提高铝和油漆结合力。电化学氧化膜层比化学氧化膜要厚，耐腐蚀性更好。如在硫酸（比重 1.84）180～200g/L、槽压 13～22V、电流密度 0.8～2.5A/dm^2、13～26℃、处理 20～40min，可得良好的氧化铝膜层。为提高膜保护性，最好再用水蒸气或重铬酸钾溶液封闭处理，铝氧化膜厚度在 60～150μm，具有耐磨、绝缘、抗热等性能，利用新生成氧化膜的多孔性，也可加入各种颜料着色处理。

2. 磷化膜

用磷酸盐处理钢铁表面，得到具有磷叶石（磷酸锌、铁）结构的磷化膜，它们多孔，和涂料结合牢固，所以常用作油漆底层或吸附润滑油后作为耐磨层。磷化层厚度 5～6μm，能短暂防大气腐蚀，但膜层硬度较差。工艺上分为热磷化和冷磷化。表 8.12 给出部分磷化液配方和工艺。

表 8.12　钢铁表面磷化处理

项目	磷化溶液配方，g/L	温度，℃	时间，min
热磷化	马日夫盐 50 + 硝酸锌 100	60～70	3～5
	磷酸二氢锌 40～45 + 硝酸锌 120	60～70	13
	磷酸锌 14 + 硝酸钠 28 + 碳酸铜 0.05	65～75	15
冷磷化	正磷酸 90 + 氧化锌 18 + 亚硝酸钠 1.5～2.0 + 氢氧化钠 10	常温	20～30
	马日夫盐 30 + 硝酸锌 60 + 亚硝酸钠 4～5 + 正磷酸<1	常温	20～30
	马日夫盐 60～90 + 硝酸锌 60～100 + 氟化钠 3～6	常温	20～30

①引自魏宝明，《金属腐蚀理论及应用》，北京：化工出版社，1984 年，298 页。

二、暂时性保护层

暂时性保护层是一种起短暂保护的临时性覆盖层，用于金属零部件在运输、储存过程的短期防腐蚀。种类有防锈油脂和可剥性塑料涂层。气相缓蚀剂包装材料也可归纳到这类覆盖层。以下分别作简单介绍。

1. 防锈油脂

防锈油脂是以矿物油（液体）或脂、蜡类（固体）为基料，添加缓蚀、钝化物质，如有机胺、环烷酸锌、磺化油的碱金属、碱土金属盐等制成。其中最常用羊毛脂，它是从羊毛清洗液中提取的、主要成分为高分子量脂肪醇和脂肪酸的物质，铅皂也是常用添加剂，可防止手接触金属后留下的汗液腐蚀，因为它和汗液中 NaCl 反应，生成不溶性 $PbCl_2$。防锈油脂适宜在中性环境使用，涂层厚度 0.1～2.5mm，视保护时间长短而定，也和保护后涂层清洗要求有关。被保护构件投入使用前一般需要用溶剂将这层油脂层清洗除去。

2. 可剥性塑料

可剥性塑料是以塑料为基体的保护层，使用后，膜层可从金属表面整体剥去，避免油脂类防护层需要清洗的麻烦。防锈为目的的可剥性塑料分热熔型和溶剂型两类。

热熔型可剥性塑料主要以纤维素塑料（如乙基纤维素、酸酸丁酸纤维素等）为基体，和少量矿物油（降低膜和金属粘接力，使得容易剥离）、增塑剂（提高膜的韧性）、树脂、稳定性等配合而成。典型配方（重量比）如：乙基纤维素 25％～30％，矿物油 55％～70％，增塑剂 5％～15％，蜡 1％～3％，稳定剂 0.5％～1.5％。涂覆时将零件直接浸入熔融的塑料液中 3～10s，取出冷却成膜。

溶剂型可剥性塑料多以乙烯类树脂（如聚氯乙烯、聚苯乙烯、过氯乙烯等）为主体，配以颜料、增塑剂、稳定剂等，并溶于溶剂中，故可以在常温下涂覆使用。溶剂型可剥性塑料厚度较薄（0.2～0.75mm），防腐蚀能力不如热熔型可剥性塑料，但成本低、施工方便。某推荐配方为：乙烯类树脂不小于17.0%，增塑剂9.5%，颜料4.0%。稳定性1.0%，溶剂不大于66.0%。配制时先将各种成分分别溶于适宜溶剂，然后混后成溶液。涂覆方法可采用喷涂、刷涂、浸涂等。

3. 气相缓蚀材料

以气相缓蚀剂为主体，使用或不使用载体，在一个相对密闭局部空间内起临时性保护作用。其方法有：（1）直接喷洒气相缓蚀剂粉末（无载体）；（2）气相缓蚀剂浸涂纸，得到包装用气相缓蚀纸；（3）制作塑料薄膜时掺入气相缓蚀剂，得到包装用气相缓蚀薄膜；（4）在压敏胶或泡沫塑料中加入气相缓蚀剂，得到气相缓蚀胶带或贴片；（5）用气相缓蚀剂制成溶液或油剂，得到防锈液或防锈油。

气相缓蚀材料使用特点是：（1）保护距离有限，一般认为，被保护表面和缓蚀剂距离不要超过25～30cm。（2）保护时间有限，随着气相缓蚀剂挥发、消耗，逐渐失去保护能力，所以需要定期（如半年至一年）更换；（3）只能在相对密闭的局部空间内使用，否则缓蚀剂挥发太快，使用寿命大大缩短；（4）不宜在较高温度下使用，温度升高导致缓蚀剂蒸汽压上升，甚至分解；（5）气相缓蚀剂没有置换金属表面汗液等污染物质的功能，所以被保护金属表面必须预先清洗干净。

第九节　电化学保护技术原理

一、两类电化学保护技术

电化学保护技术分为两种。将金属电位向正值移动到致钝电位以上，使金属钝化的技术称为阳极保护。阳极保护特别适合强腐蚀环境的金属防腐蚀，我国硫酸工业中已有应用。另一种称为阴极保护，应用更加广泛，即：将金属电位向负值移动到其腐蚀电池的阳极平衡电位以下。这种技术目前成为埋地金属构件，特别是钢质管道的标准做法，近年来，在石油地面储罐、海洋金属构件、甚至在钢筋混凝土桥梁等领域的应用也日益增多。

阳极保护和阴极保护都使用在导电性环境、连续金属构件的保护，都能有效降低金属腐蚀速度，但两者保护原理不同，具体有以下特点：

（1）保护对象：一切金属（除负效应金属之外）都可采用阴极保护，而只有能钝化的金属才能采用阳极保护，所以阳极保护对象要狭窄得多；

（2）对阴极保护而言，保护电位偏离可能只是保护效率的变化，不会引起腐蚀增加，而阳极保护时，电位下降到活化区，或上升到过钝化区，都有可能导致腐蚀增大；

（3）金属压力容器在阴极保护时电位过负可能造成氢脆，而阳极保护时，氢脆只会出现在辅助阴极上，被保护设备无氢脆危险；

（4）阴极保护的辅助电极为阳极，易发生腐蚀，所以在强腐蚀环境的化工介质中采用阴极保护时，辅助阳极材料较难选择，而阳极保护的辅助电极本身受到一定保护；

（5）阴极保护中保护电流不代表保护后的腐蚀速度，只要电位控制得当，理论上金属腐蚀速度可降到零；阳极保护达到稳定钝化后，维钝电流密度接近保护金属的实际腐蚀速度，无论如何控制电位，阳极保护金属的腐蚀速度不可能降到维钝电流以下；

（6）阳极保护为了建立钝化，必须先经过一个腐蚀阶段，使电流增大达到致钝电流密度，所以阳极保护的电源容量一般要比阴极保护时大得多；

（7）金属自然腐蚀速度越大，采用阴极保护所付出的能量也越大，所以强腐蚀（氧化）环境优先考虑采用阳极保护，当阳极保护和阴极保护都能采用，而且效果相似时，应优先考虑阴极保护（装置简单、技术可靠），除非有严重氢脆危险；

（8）阴极保护中存在明显屏蔽效应，而阳极保护时，其影响比较小。

二、阴极保护的原理

阳极保护基于钝化，前面已有详细介绍。故以下介绍阴极保护防止金属腐蚀的原理。和覆盖层技术不同，阴极保护是“疏”的技术，它不是使材料表面电池无法工作来防止腐蚀，而是改变这些电池工作形式，具体说，用其他电池反应替代被保护金属表面的溶出阳极反应。可以从以下三个角度来分析阴极保护的原理。

1. 能量观点

自发腐蚀过程的金属从高能态转变成低能状态，要阻止这个过程，必须提供外部能量，阴极保护就是靠消耗外部电能（外电流阴极保护）或化学能（牺牲阳极保护）来抑制对金属腐蚀。腐蚀过程是不可逆的，所需外部能量总是大于腐蚀释放能量。以活化极化控制的腐蚀为例，阴极保护条件下，电位偏离自腐电位足够远时，极化曲线方程中阳极极化项可以忽略，得到：

$$I_{外} = I_{corr}\left(e^{\frac{\Delta E}{\beta_a}} - e^{\frac{-\Delta E}{\beta_c}}\right) \approx - I_{corr} \times e^{\frac{|\Delta E|}{\beta_c}}$$

阴极极化时外电流取负值，e 的指数为正，即：指数项始终大于 1，可得以下推论：

（1）外加电流密度一般总大于自然腐蚀电流密度；

（2）金属自然腐蚀速度（I_{corr}）越大，所需要采用的保护电流密度（$I_{外}$）也越大。

2. 热力学观点

本书在电位－pH 图时已谈过，通过负移电位使位于腐蚀区的铁下降到图下方“不腐蚀区”，铁就处于无腐蚀状态，这就是阴极保护原理。图 8.3 给出包含浓度影响的 25℃铁—水体系电位－pH 图，图中数字（0，－2，－4 等）代表铁离子活度的指数（1，10^{-2}，10^{-4}等）。由图可见：pH 值小于 9.0 时，达到阴极保护时的电位—活度方程为：

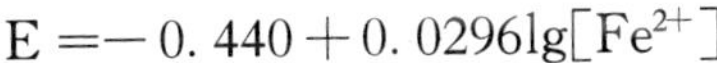

$$E = -0.440 + 0.0296\lg[Fe^{2+}]$$

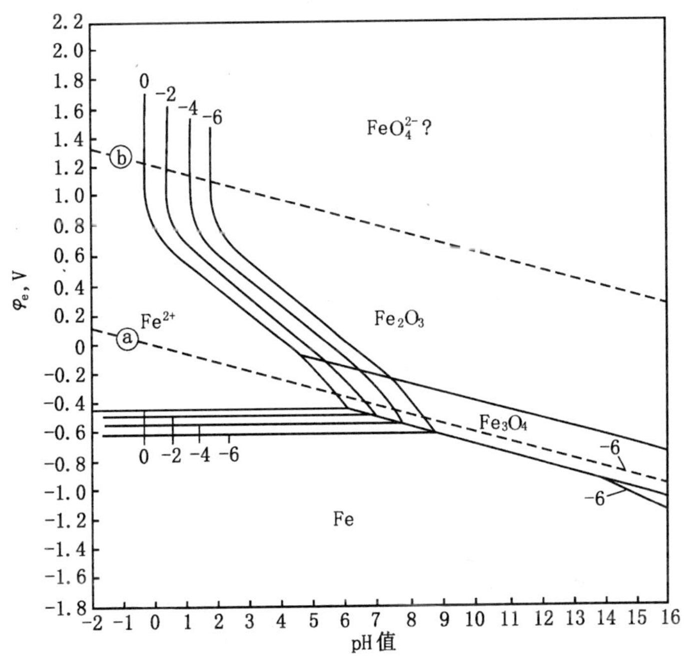

$Fe—H_2O$ 体系的电位—pH 值图

（平衡固相为 Fe，Fe_2O_3，Fe_3O_4 的场合）

图 8.3　热力学解释阴极保护原理的示意图

由此可见，阴极保护电位和 Fe^{2+} 离子活度有关：环境 Fe^{2+} 活度越小，金属铁的腐蚀倾向越大，需采用的保护电位也越负（付出能量越多）。例如，$[Fe^{2+}] = 10^{-6}$ M，保护电位为 -0.618V (SHE)，或对饱和硫酸铜参比电极为 -0.93V (CSE)。这是热力学数据，工程上考虑到能量利用效率，保护电位取较正数值：-0.85V (CSE)。

另外，由图可见，pH 值等于 9.0～13.7 时，其电位 - pH

值方程为：$E=-0.085-0.0591\text{pH}$，所以，阴极保护电位和环境 pH 值也有关：pH 值越大，所需保护电位也越负。pH 值等于 10 时保护电位为 -0.68V（SHE）或 -0.99V（CSE）。

3. 动力学观点

以金属在酸中腐蚀为例，从图 8.4 简化极化图可以看到，铁向阴极方向极化，使金属腐蚀（阳极溶解电流）不断减小，例如，电位从自然腐蚀电位 φ_1 负移到 φ_2，相应金属腐蚀速度（电流密度）从 i_2（自然腐蚀速度）下降到 i_1。如果阴极极化到相当于金属平衡电位 φ_3，那么该金属净阳极电流等于零，即：金属以平衡电极的交换电流密度速度不断溶解和沉积，并处于动态平衡（两者速度相等），该金属实际上不出现腐蚀，或者说，理论上金属腐蚀速度等于零。按活化体系考虑，阴极保护时电位负偏移 ΔE 和金属自然腐蚀速度 i_{corr} 及保护后腐蚀速度 i 关系如下：

$$\Delta E=\frac{2.3RT}{nF}\log\left(\frac{i_{\text{corr}}}{i}\right)$$

对数前系数如取作 59mV，电位从腐蚀电位起负移 300mV（$\Delta E=-300\text{mV}$）可以使得金属腐蚀速度大约下降到原自然腐蚀速度的十万分之一（10^{-5}）。

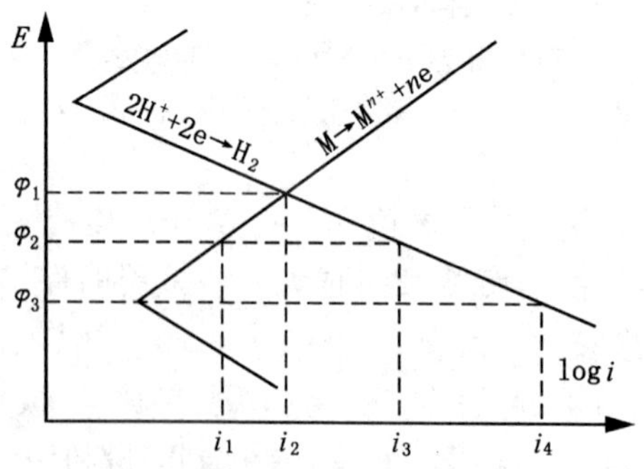

图 8.4　动力学解释阴极保护原理的示意图

第十节　阴极保护应用条件和判别准则

一、阴极保护的应用条件

阴极保护常用来保护地下管道、埋地电缆、舰艇、海洋构件、水闸、码头等，近年在桥梁等混凝土结构保护也日益见多。除降低平均腐蚀速度外，阴极保护还可有效防止某些材料的应力腐蚀、腐蚀疲劳、局部溶出等。阴极保护应用的必备条件是：

（1）导电性较好的环境。对于极干旱土壤、大气或非水介质中必须采取特殊措施，否则无法有效进行阴极保护；

（2）被保护金属容易阴极极化，并且极化后腐蚀速度下降（正效应）。难极化金属的保护会消耗过多电量，经济上不合算，此外某些两性金属，如：铝、铅等，可能会因为阴极保护过程产生的碱性而导致腐蚀加速，所以必须限制保护电位不能太负；

（3）被保护构件形状和结构不太复杂，无“遮蔽或屏蔽现象”。例如：热交换器内部紧密排列的管束，仅靠少数阳极得不到均匀的保护电流分布，很难采用阴极保护技术。

（4）被保护构件具有电连续性。如：混凝土中钢筋阴极保护时，必须将需保护的钢筋全部连接起来，否则孤立存在的钢筋得不到保护。埋地管道上有绝缘法兰时也应当用电缆将两端连接，除非绝缘法兰另一端管道不属于该系统保护范围。

（5）应将被保护系统和其周围环境，包括非保护构件，进行有效的电绝缘处理，包括：绝缘涂层或法兰等，以避免保护电流无谓流失，虽然这不能算作必要条件，但从经济角度考虑可以说：没有绝缘就没有阴极保护。

二、阴极保护控制参数

阴极保护基本控制参数有：保护电流密度和保护电位两种。它们是统一的，在不同场合下使用不同控制指标。

1. 电流密度指标

环境腐蚀性越强，抑制腐蚀所需能量也越大，达到完全保护所需电流密度也越大。表 8.13 给出钢在不同环境下阴极保护所需的电流密度范围。由表可见，首先降低钢铁腐蚀（加涂层、缓蚀剂），阴极保护在经济上有利，实践中也经常采用。

表 8.13　钢构件所需的阴极保护电流密度

环　境	钢构件	覆盖层状况	保护电流密度，A/m^2
热酸洗液	碳钢零件	无覆盖层	400000
土壤	管道、容器、铠装电缆、套管、接地极等	塑料（夹克板）	0.001～0.01
		沥青玻璃布	0.01～0.05
		沥青羊毛毡	0.3～7.0
		无覆盖层	10～100
淡水	桥梁、容器、锅炉、水井、水闸等	良好覆盖层	0.05～0.6
		旧覆盖层	0.5～8
		无覆盖层（常温）	5～13
		无覆盖层（高温）	100～600
海水	轮船、码头设施、钢板桩、压载舱等	良好覆盖层	0.2～20
		旧覆盖层	20～100
		无覆盖层	100～1000

这种指标常用于已有阴极保护使用经验的金属（涂层）和环境。其优点是容易计算整个系统所需总的保护电流，便于考虑保护电源的配备。以下面例子说明。

实例：现有大型储罐 5 个，罐底直径均为 20m，根据以往经验，保护电流密度取 $0.05A/m^2$，试计算对这些罐的罐底进行阴极保护时所需的总保护电流值和电源配备。

解：被保护总面积 $= \pi \times 10^2 \times 5 = 1571m^2$，所需的总保护电流 $= 1571 \times 0.05 = 78A$。

如采用 40A 的恒电位仪作为阴极保护电源，该系统需两台电源（未考虑备用电源）。

2. 电位指标

当前流行准则是美国 NACE 提出的对钢铁保护的三项电位指标：

（1）通电条件下，构件对地电位（饱和硫酸通电极）达到 -0.85V 及更负；

（2）构件对地的断电电位（饱和硫酸通电极）达到 -0.85V 及更负，断电电位是在切断保护电流后瞬间测到的保护电位；

（3）极化电位偏移准则，如：在极化建立或衰退过程中电位偏移至少达 100mV。

可根据实际条件选取其中一种指标进行评价。对一般土壤、水环境，第一种准则使用最方便、也最常用。对高阻或杂散干扰大的环境，因为 *IR* 降问题，最好采用第二种准则。第三种准则主要用于电位不易直接测量的场合。

和电流密度指标相比，电位指标更加基本，因为电流密度指标随系统条件变化很大，如：金属表面状况、介质成分、流速、温度等都会显著改变电流密度指标。而电位指标相对变化不大。各种金属在各种环境的保护电位指标见表 8.14。

表 8.14　阴极保护采用的电位指标

金属	环　境	参比电极，V			
		Cu/饱和 $CuSO_4$	Ag/AgCl/海水	Ag/AgCl/饱和 KCl	Zn/海水
Fe	含氧环境	-0.85	-0.80	-0.75	+0.25
	缺氧环境	-0.95	-0.90	-0.85	+0.15
Pb		-0.6	-0.55	-0.5	+0.5
Cu		-0.65～-0.5	-0.6～-0.45	-0.55～-0.4	0.45～0.6
Al	正值极限	-0.85	-0.80	-0.75	+0.25
	负值极限	-0.95	-0.90	-0.85	+0.15

注：数据取自 1973 年 8 月英国标准研究所制定的阴极保护规范。

三、阴极保护效果评价指标

阴极保护效果一般采用以下两种评价指标：

（1）保护度 *P*　　$P=\frac{i_{corr}-i}{i_{corr}}\times 100\%=\left(1-\frac{i}{i_{corr}}\right)\times 100\%$

（2）保护效率 Z $$Z=\frac{i_{corr}-i}{i_{外}}\times 100\%$$

上述两个公式中，i_{corr}、i 和 $i_{外}$ 分别代表自然腐蚀速度、阴极保护后腐蚀速度和阴极保护时外加电流密度。很显然，$P\times i_{corr}=Z\times i_{外}$。

保护度和保护效率均是阴极保护电位的函数，电位越负、保护度越大（金属腐蚀速度越小）、但是保护效率越低，即：外电流中花在建立阴极极化电位的比例越少。图 8.5 给出某电解质溶液中，钢的保护电位从自然电位负移大小 ΔE 对保护度 P 和保护效率 Z 的关系曲线。显然，ΔE 越大，保护度越来越高，最终达到 100%，但保护效率却越来越低，80%保护度时保护效率约 40%，但接近 100%保护度时保护效率不足 0.3%，即：99.7%能量浪费在与建立阴极保护电位无关的过程（如析氢反应等）。

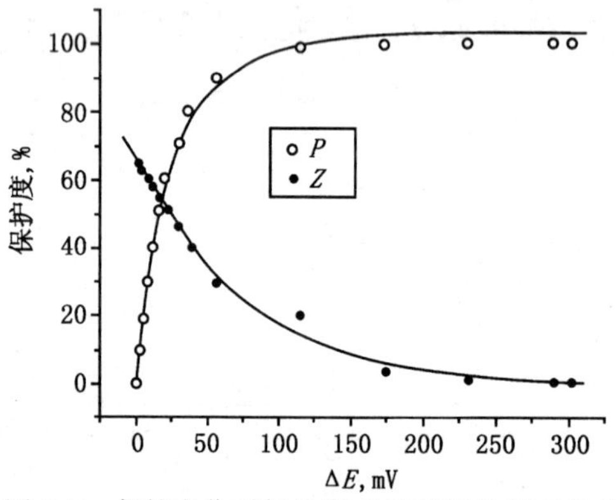

图 8.5　保护电位对保护度 P 和保护效率 Z 的关系曲线

新投产阴极保护体系，可在现场埋设检查片来获得保护度数据。检查片一般由六片独立钢试片组成，将其中的 1、3、5 号试片和管道相连，接受阴极保护，2、4、6 号试片呈自然腐蚀状态。经过一定时间（1～2 年）后，测量并比较其失重量，可按上式计算保护度。

四、－0.85V 准则的有效性

钢铁－0.85V 保护电位准则是目前最普遍准则。其科学性和有效性基于以下基础。

（1）阴极保护定义：正如 1938 年 Mears 和 Brown 提出的那样：理论上应规定完全阴极保护时，腐蚀样品的局部阴极必须极化到未极化样品的局部阳极电位。但实际工程一直采用美国 NACE 的不严谨规定，即：通过向保护体提供足够阴极电流，使阳极腐蚀速度降到很低，从而有效防止金属腐蚀。NACE 标准并没有具体规定腐蚀速度应当多低。这样做主要是保护电位接近局部阳极电位时，其实际保护效率十分低。

（2）用保护体与置于相邻电解质的饱和硫酸铜电极（负极）间的电位差，俗称管/地电压，来反映保护体的自然腐蚀电位。

（3）－0.85V 数值的来源是以钢均匀腐蚀速度降到小于 1mm/a（25μm/a）为依据的。20 世纪 50 年代，Schwerdtfeger 和 Mc Dorman 用 20 种无空气土壤（pH 值为 2.9～9.6，电阻率等于 60～17800Ω·cm），分别测定钢样品的电极电位。无空气土壤中的阴极反应为氢的还原反应，在电位－pH 坐标图中，钢电位曲线和氢电极电位曲线交点代表钢阳极和氢阴极电位差为零，无腐蚀发生。实验得到交点电位－0.77（SCE），即：－0.85V（CSE）。他们在此条件实验 60 天，钢电极重量几乎没有损失。继 Schwerdtfeger 和 Mc Dorman 后，Barlo 和 Berry 后来采用模拟腐蚀电池，研究了通气和不透气的 6 种土壤，并以均匀腐蚀速度小于 1mm/a（25μm/a）为不腐蚀标准，同样证实：保护电位至少需要达到－0.85V（CSE）。但是实验中有例外情况：

①硫酸盐还原菌的土壤中，保护电位必须更负，至少－0.95V（CSE）；

②温度高于 40～60℃时，保护电位－0.1025V（CSE）腐蚀速度远高于 1mm/a；

③pH 值等于 3.5 的酸性环境下，保护电位－0.85V（CSE）腐蚀速度大于 1mm/a。

（4）－0.85V 不是一种绝对的准则，德国贝克曼《阴极保护手册》指出：保护电位必须根据金属/腐蚀环境界面来确定。目前通用结论是：对一般土壤、水环境中钢的保护，－0.85V已足够满足工程要求，但是对特别恶劣环境，如：含硫化氢、含细菌环境，为安全起见，建议采用－1.00V 保护电位准则。

（5）－0.85V 准则不包含测量 *IR* 降，所以只能在 *IR* 降误差不大情况下使用。

综上所述，－0.85V 准则是一种工程准则，而不是理论准则，是以被保护钢的腐蚀速度为依据的，在特定条件下（特别恶劣环境、含很大 *IR* 降测量误差等）它可能不正确。

五、过度保护的危害性

为克服保护电位沿体系的衰减，应当尽量使阴极保护体系通电点电位更负，以确保体系全部位置得到保护。但是阴极保护体系电位过负（过度保护）可能造成以下危害：

（1）浪费能量。过度保护时，大量电能被白白消耗，如阴极析氢等无用的过程；

（2）破坏涂层。过保护造成碱性环境对涂层起破坏作用，此外，金属表面析氢也造成涂层剥离或鼓泡（称为阴极剥离），两者都是涂层破坏的主要形式；

（3）加速某些金属腐蚀。过保护产生大量氢气可能造成某些金属氢脆，强度下降，此外，铝、铅等两性金属在过保护时会受金属表面聚集碱性溶解腐蚀。

阴极保护所容许的最负电位和管道外防护层的耐碱性、抗剥离性和绝缘性有关。这些性能越好，阴极保护电位值也容许越负。表 8.15 提供部分涂层容许的最负保护电位值（经验值）。实际工作中最好经过试验来确定。

表 8.15　部分涂层容许的最负保护电位（经验值）

涂层种类	油漆	聚氯乙烯	富锌涂层	石油沥青	环氧涂层	煤焦油瓷漆
E，V（CSE）	－0.8	－1.0	－1.3	－1.43	－1.93	－2.9

第十一节 阴极保护参数测量

一、管/地电位的测量

工程上用管/地电位作为阴极保护控制参数。无阴极保护时，该值相当于金属自腐电位，反映金属在环境中腐蚀倾向，有阴极保护时，它代表阴极保护程度。管/地电位测量方法见表8.16。

表8.16 管/地电位基本测量方法

地表参比表	近参比法	试片近参比法	移动参比法
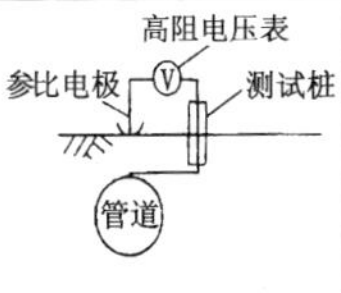 高阻电压表 参比电极 测试桩 管道	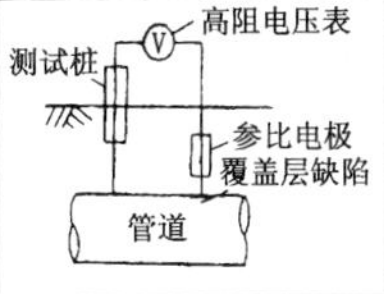 高阻电压表 测试桩 参比电极 覆盖层缺陷 管道	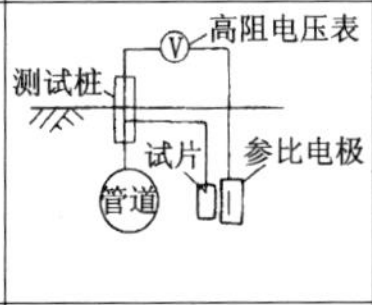 高阻电压表 测试桩 试片 参比电极 管道	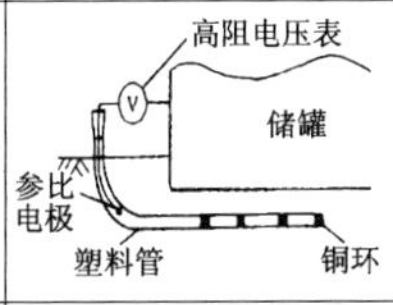 高阻电压表 储罐 参比电极 塑料管 铜环
参比电极在地表，被测管道正上方，简便，但含较大 *IR* 降	参比电极尽量靠近被测管道表面，减少 *IR* 降，但需开挖管道	管道上引出试片尽量靠近参比电极，减少测量中 *IR* 降	利用多孔塑料管接近被测表面，参比电极在其中移动测量

二、电位测量中的 *IR* 降误差

管/地电位测量中包含土壤等介质 *IR* 降成分。其原因可用图8.6作简单分析：r 代表测量回路中导线、接头等各种电阻，它和土壤电阻、测量电流表内阻等一起构成了总电阻 R。真正管地电位 $E = V_{测量值} - I \times R$。它和测量值之差就是 *IR* 降误差。这种误差有时高达几百毫伏，致使测量电位完全不能反映阴极保护状态。杂散电流作用时，上式 I 可正、可负，所以测量电位可能正于或负于真实管地电位。降低 *IR* 降途径可从降低 I 和 R 来考虑：

（1）上式 R 包括：测量回路土壤电阻、测量电流表内阻、管道涂层缺陷处的电阻等，所以，采用高阻抗数字电压表，采用近参比法，并将参比电极尽量靠近管道涂层破损部位（露铁

点），这些措施都可有效降低 IR 降误差；

（2）上式 I 包括：保护电源电流、土壤杂散电流和各种二次电流（如：管道容抗、感抗特性引起的电流；不同涂层缺陷造成的极化电流等），其不确定因素更多。一般说，当存在杂散电流时，必须首先排除杂散电流干扰，才有可能测到真实保护电位。

当 IR 降误差很大时，工程上推荐用断电法测量，因为断电瞬间，电源电流和欧姆电阻造成的 IR 降被消除，但是其他类型的 IR 降可能依然存在。更多方法可参阅其他有关书籍。

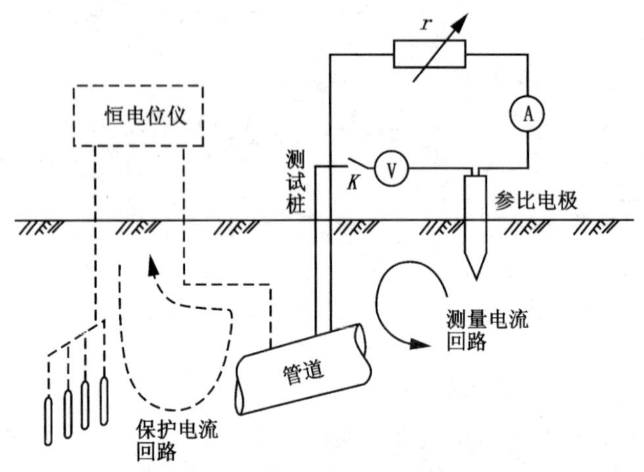

图 8.6　解释电位测量中 IR 降的示意图

三、电流测量

阴极保护中使用内阻小于被测回路总电阻 5%、灵敏度小于被测电流值 5%的低阻电流表来测量电流。电流测量不如电位测量那么普遍，但在以下情况时十分必要：

（1）牺牲阳极输出电流。可在输出回路串入标准电阻，测其两端电压计算得到，也可在回路中直接串入电流表测量。该数据是衡量牺牲阳极效率的重要参数。

（2）管道内流动电流。测量某一段管道的电压降，再通过管道自身电阻计算管内流动电流，也可以用补偿法直接用电流表测量。比较不同管段的流动电流可反映管道涂层质量及杂散电流等信息。

四、管道绝缘法兰的电阻测量

测量方法有兆欧表法、电位法、电流电压法。其中兆欧表法适用于未安装到管道上的绝缘法兰。电位法可用于已安装到管道上的绝缘法兰，此时两侧管道均已接地，不能用兆欧表法测量。电压电流法根据对某管段（长度精确到0.01m）两端的电位差和管内电流计算绝缘法兰绝缘电阻。

五、接地电阻测量法

（1）牺牲阳极：测量前先将牺牲阳极和管道断开，再用ZC－8接地电阻测量仪。

（2）外加电流接地阳极：用ZC－8测量仪测量。在测量过程中应将电位极沿接地阳极与电流极的连线方向移动，若测到电阻值相近则可以保证电极处于电位平缓区。

六、土壤电阻率测量法

（1）四极法：用ZC－8四个电极均匀布置在一条直线上，极间距 S 值代表土壤测深，电极入土深度应小于 $S/20$，仪表指示电阻值 R（Ω）和土壤电阻率 ρ 关系式为：

$$\rho = 2\pi \cdot S \cdot R$$

（2）土壤箱法：属实验室方法，在现场采集土样或水样，放入一个由绝缘材料制成、敞口，无盖的长方形盒内，盒两端面为金属板，箱侧面设置两个探针，测量时，两端板通以电流，测出两探针间电位，然后按欧姆定律计算介质电阻率。

七、外防腐层泄漏电阻测量法

防腐层泄漏电阻定义为：单位面积涂层管道和远方大地的电阻，用负偏移电位和泄漏电流密度的比值表示。测试方法有：外加电流法、间歇电流法。

八、防护层检漏测量方法

管线防护层漏电定位和定量技术方法很多，主要依靠向管线输入直流或交流电信号，然后沿管线监测电位、电流或磁场强度等变化，来获得漏点信息。常用方法有：管地电位法、近电位法、直流电位梯度法，又称 DCVG 法（Direct Current Voltage Gradient）。

第十二节　阴极保护基本方法

阴极保护的基本方法有：外电流保护法、牺牲阳极保护法和排流保护法。

一、外电流保护法

1. 基本组成

外电流阴极保护体系由电源（恒电位仪或整流器）、阳极（高硅铸铁、石墨等外电流阳极）、保护构件及连接电缆等部分组成。保护时将电流负极和保护构件连接，连接位置称为通电点或汇流点。控制通电点电位，使构件所有部位均达到规定负值以下，如，对钢铁为 -0.85V（CSE）。其系统示意图见图 8.7。

外电流保护以消耗外部电能为代价，取得对金属的保护。

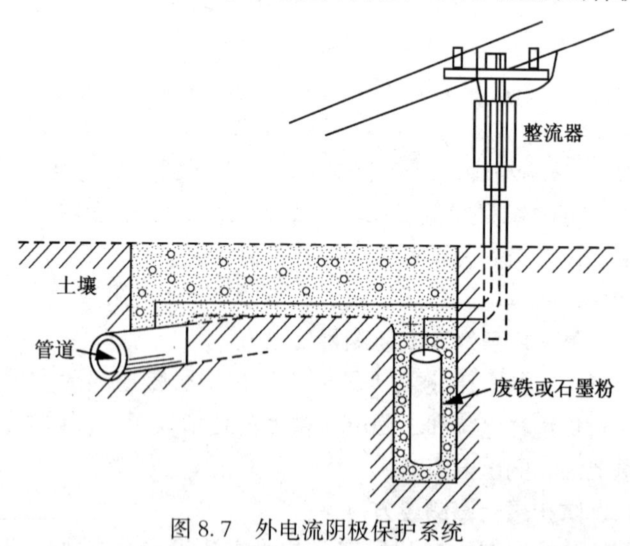

图 8.7　外电流阴极保护系统

2. 电源设备

外电流阴极保护系统的电源要求：稳定可靠、电压能连续可调、操作维护简单等。目前主要采用交流市电供电的整流器或恒电位仪，后者实际上是带电位反馈控制电路的整流器。在没有交流电源场合，也采用：风力发电机、热电发电机（TEG）、蒸汽发电机（CCTV）等装置。

3. 阳极材料

外电流阴极保护中使用的阳极材料基本要求是：

（1）消耗率低，在所使用环境耐腐蚀和在工作电流密度下溶解度低；

（2）有良好导电性和较低的界面（阳极/环境介质）接触电阻；

（3）在较高的阳极电流密度下极化小，即：允许通过的电流量大；

（4）成本低、来源广、机械强度好、容易加工等。

通常这类阳极材料有三类：（1）废钢、铸铁、铝、锌等可溶性阳极；（2）石墨、磁性氧化铁等非金属导体；（3）高硅铸铁、铅银合金、铂等部分或完全钝化金属。后两类通称为不溶性阳极，因为电流通过阳极时，这些材料本身（大部分或全部）不参与反应，电极表面以气体析出反应为主。表 8.17 给出了某些不溶性阳极的性能特征。

表 8.17　不溶性阳极的特征

电极名称	主要成分	使用环境	消耗量 kg/A·a	容许电流密度 A/dm^2
磁性氧化铁	Fe_3O_4	土壤	0.02～0.15	0.4
石墨	C	土壤	0.04～0.16	0.05～0.1
高硅铸铁	Si—Fe—C	土壤、海水	0.1～0.5	0.05～0.8
铅银合金	Pb—Ag	海水	0.01～0.03	1～5
铂	Pt	海水、淡水	0.006	5

二、牺牲阳极阴极保护

1. 基本组成

金属构件和比其电位更负（活性强）金属（牺牲阳极）相连，在腐蚀环境构成电偶，使处于阳极状态的牺牲阳极加速腐蚀，而金属构件受到阴极保护。其系统示意图见图 8.8。

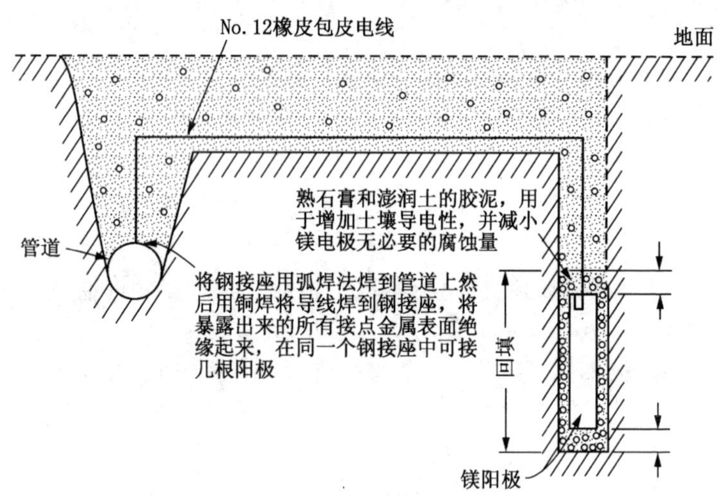

图 8.8　牺牲阳极阴极保护系统

本方法无需电源，以消耗阳极材料（包括其中的化学能）为代价取得对被保护材料的保护。

2. 阳极材料

牺牲阳极保护体系的阳极选择是本方法关键。牺牲阳极材料应当满足以下基本要求：

（1）电位负于被保护金属，并有足够的、稳定电位差值；

（2）不易钝化，阳极极化小、腐蚀发生均匀，腐蚀产物易扩散或脱落，不形成阻隔层；

（3）电化学当量高，即：单位重量对应电量大，电流效率（实际电量/理论电量）高；

（4）成本低、来源广、加工容易、不污染环境等。

保护钢铁时常用的牺牲阳极材料分为：锌、镁、铝三大系列。其中，锌阳极主要为纯 Zn，Zn－Al，Zn－Al－Cd 等系列；镁阳极有高纯 Mg，Mg－Mn，Mg－Al－Zn－Mn 等系列；纯铝因其强烈钝化倾向，很少直接用作牺牲阳极，一般采用 Al－Zn－Hg，Al－Zn－In 三元合金为基础，再添加第四或第五种成分。各种牺牲阳极的基本性能列于表 8.18。

牺牲阳极选择取决于环境种类和导电性能。在水中，这三类牺牲阳极使用范围取决于水的电阻率。大于 15Ω·m 的高阻溶液中一般采用镁阳极；小于 1.5Ω·m 的低阻环境采用铝阳极；中间电阻率环境使用锌阳极。土壤环境中同样是镁阳极用于高阻土壤（大于 15Ω·m），锌阳极用于低阻土壤（小于 15Ω·m），铝阳极易钝化，很少在土壤环境中使用。

表 8.18　牺牲阳极材料性能比较

项　　目	Zn	Zn 合金	Mg	Mg 合金	Al 及合金
相对密度，g/cm^3	7 14	7.15	1.74	1.77	2.76
开路电位，V（CSE）	1.00	1.05	1.56	1.48	1.10
理论电量，A·h/g	0.82	0.82	2.20	2.21	2.92
效率[①]，%	90	90	50	约 60	85
有效电量，A·h/g	0.74	0.78	1.10	1.32	2.33

①效率数据取自海水环境，土壤环境的效率要低于此值。

三、排流法保护技术

当腐蚀主要因杂散电流造成时，排除杂散电流就可大幅度降低管道腐蚀。工程上将这种方法单独使用或和阴极保护联合使用，统称为排流保护技术。大多数书籍将它归为阴极保护基本方法，并和外电流保护、牺牲阳极保护相并列。

排流保护原理是用导线将管道中流动的干扰电流直接引回

到干扰源（如：地铁铁轨、整流器接地点等），避免干扰电流经过管道途经从土壤流出，因为这些部位上的金属铁会按法拉第定律溶出。这种连接导线称为排流线。根据连接方式，可分为：直接、极性、强制和接地排流等四种形式。它们接线形式、应用条件、优缺点等归纳成表 8.19。

表 8.19　排流保护的基本方式

方式	直接排流	极性排流	强制排流	接地排流
示意图	 铁轨 排流线 管道	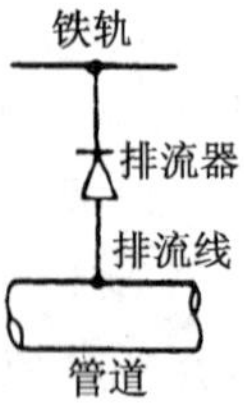 铁轨 排流器 排流线 管道	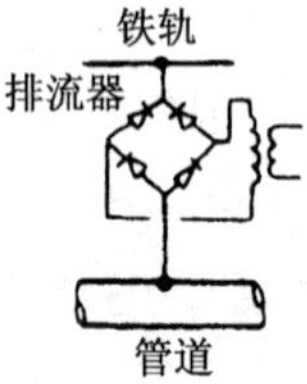 铁轨 排流器 管道	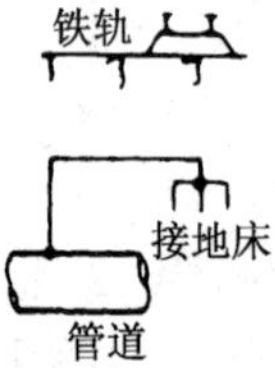 铁轨 接地床 管道
应用条件	（1）被干扰管道上有稳定的阳极区； （2）直流供电所接地体或负回归线附近	被干扰管道上管地电位正负交变	管轨电位差较小	不能直接向干扰源排流
优点	（1）简单经济； （2）效果好	（1）安装简便； （2）应用范围广； （3）不要电源	（1）保护范围大； （2）其他排流方式不能应用的特殊场合； （3）电车停运时可对管道提供阴极保护；	（1）应用范围广泛，可适用各种情况； （2）对其他设施干扰较小； （3）可提供部分阴极保护电流（当采用牺牲阳极接地时）
缺点	应用范围有限	当管道距铁轨较远时保护效果差	（1）加剧铁轨电蚀； （2）对铁轨电位分布影响较大； （3）需要电源	（1）效果稍差； （2）需要辅助接地床

四、联合保护技术

介绍阴极保护原理时已提及，金属自然腐蚀速度越大，保护所消耗能量也越大。所以降低环境对金属腐蚀性有利于阴极保护实施。这方面措施有：涂层或缓蚀剂与阴极保护的连用。

1. 涂层和阴极保护的连用

高质量涂层有效降低阴极保护所需电能，但同时造成涂层成本增加。所以无限制提高涂层质量并非良策。应合理考虑两者关系，使所需经费达到最小。例如某资料介绍，根据 50 例海底钢质管道涂层电阻率和阴极保护电流密度的统计数据，分别绘制了涂层费用—电阻率和阴极保护电费—电阻率的曲线，从中得到两者综合费用曲线，由曲线得到最佳涂层电阻率在 300～500Ω·m² 为宜。(图 8.9)。

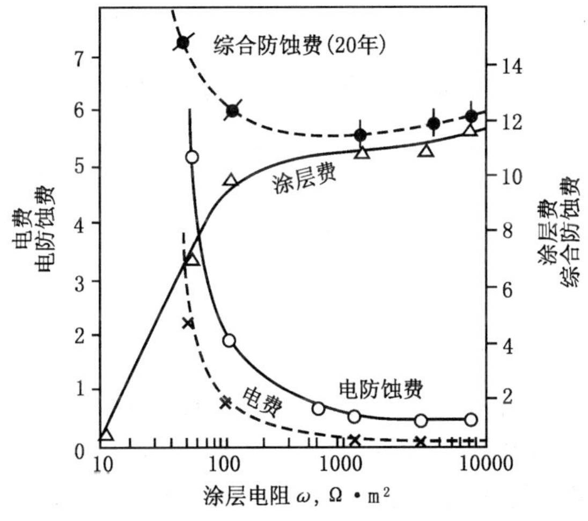

图 8.9　涂层和阴极保护综合费用

涂层和阴极保护连用另一好处是改善了保护电流分布，使电位分布更加均匀。当构件形状复杂时（如：列管换热器），只有加了涂层方有可能采用阴极保护。

2. 缓蚀剂和阴极保护的连用

缓蚀剂同样降低环境腐蚀性，有利降低所需阴极保护电流。此外缓蚀剂和阴极保护连用可能还会得到协同效果。例如，用海水冷却的列管凝汽器，如单独使用硫酸亚铁作为缓蚀剂来防止黄铜管脱锌腐蚀效果不好或代价太高；而单独使用阴极保护时，因屏蔽作用，只对管板和管端起作用。两者连用后，缓蚀剂在阴极保护电流作用下，以 α－FeOOH 和 γ－FeOOH 形式在铜管表面成膜，改善电流分散能力，使管束中部也能得到有效保护。

3. 牺牲阳极加外电流阴极保护

这类联合保护可充分利用外电流保护法的经济性和牺牲阳极法的灵活性。主要用在：石方区、冻土区、电干扰严重区和区域性保护技术中。

第十三节　管道阴极保护设计

输送石油、天然气、煤气、水等物料的埋地管道对国民经济及人民生活有密切关系。阴极保护是埋地金属管道最有效、最常规的保护方法，所需费用约占管道工程投资 1%。

一、阴极保护体系两种基本数学模型

1. 时变模型

阴极保护投用后，管道或储罐保护电流随时间不断下降，稳定后的值往往比初值小很多，原因和阴极保护时土壤中钙离子沉积在保护金属表面有关。假设电流随时间减小速度和该电流与稳定电流 i_m 之差成正比，即：$\frac{di}{dt}=-\lambda\ (i-i_m)$。那么可以得到以下关系式：

$$i=i_m+(i_0-i_m)e^{-\lambda t}$$

式中　i_0——初始保护电流密度；

i——时刻 t 的保护电流密度，它按指数规律下降；

λ——衰减系数，其单位是时间（年、月、日等）的倒数。

如果在整个阴极保护系统寿命期 T 内对电流积分，可以得到所需总电量：

$$Q = \frac{i_0 - i_m}{\lambda} + i_m \times T$$

式中，第一项代表与时间无关的极化电量，第二项代表与时间有关的维持电量。

曾有实例介绍，某油田阴极保护体系投产时保护电流达 100A，一年后下降到只有 50A。

2. 分布模型

管道内流动的保护电流变化等于从土壤流入该管段的保护电流，只要假设管道表面极化电位和流入该处的电流密度成正比。可以得到距通电点 x 位置的管道电位计算式：

$$\frac{d^2 E_x}{dx^2} = \alpha^2 E_x$$

$$\alpha^2 = \frac{R_m}{R_c}$$

式中 α——管道电位衰减系数，单位是距离的倒数。

R_m——单位长度的管道金属电阻；

R_c——单位长度的管道外涂层电阻。

由此得到：

对无限长的管道：$E_x = E_0 \exp(-\alpha x)$

对 $2L$ 长度管道：$E_x = E_B \cosh[\alpha(x - L)]$

式中 E_0，E_B——管道通电点电位和管道末端电位。

后者曲线在数学上称为垂链线，图 8.10 给出近距离阳极（曲线 A）和远距离阳极（曲线 B）条件下管道沿线电位衰减曲线（垂链线）。

上述公式没有包括阳极电场影响（认为在管道区域内地电场相等）。当阳极距管道太近，导致近端管道和远端管道所处阳极电场相差甚大时。阳极电场导致沿线保护电位衰减加剧，所以设计中应避免阳极离管道太近。

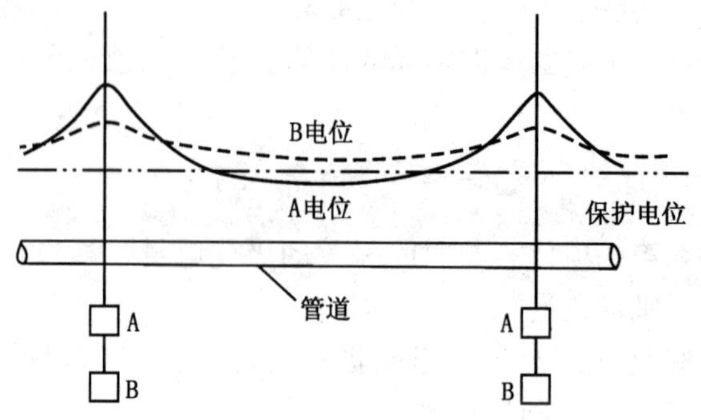

图 8.10　管道沿线阴极保护电位衰减曲线

二、管道阴极保护设计准备

1. 设计前需要进行一些测量或资料收集

1）沿线土壤勘察

设计前预勘线需要了解沿线土壤特征、地形地貌、走向等情况。特别应当粗略评价沿线土壤腐蚀等级。土壤环境腐蚀性越强、阴极保护所需付出能量也越大。土壤腐蚀性通常采用土壤理化性质，如：电阻率、含水量、pH 值、氧化还原电位等指标简单评价。电阻率方法是过去最常用的，近年也采用多因素综合评价或电化学方法评价。对沿线土壤变化很大环境，还需要评价各种宏腐蚀电池。

2）管道外覆盖层选择

管道外部覆盖层不仅起到隔绝环境腐蚀介质作用，还有效提高阴极保护效率（减少无谓能量消耗、改善电流分布）。不同覆盖层对应最小保护电流密度相差极大，从普通沥青层 0.5 mA/m^2 到三层 PE 结构的 0.001mA/m^2。

3）金属管道资料

需记录管道材质（电阻率等参数）、直径、壁厚、长度及管道沿线附件（注意绝缘法兰的电不连续性、穿越段加强套管的屏蔽等问题）。

4）电源供应及其他

需了解管道所在地区电源供应情况（如：偏僻沙漠无交流电条件下，需要配备风力、太阳能、燃气等发电装置或者改用牺牲阳极方法）。管道附近的高压输电线、电气铁路及其他金属构件位置应做仔细记录，有助分析可能的电干扰。

2. 设计内容

确定保护方式，外电流保护方式特别适用：大型结构、保护电流量大、受杂散电流影响大的情况，而缺乏交流电源以及局部保护、电流量小、土壤电阻率低等条件可采用牺牲阳极保护。图 8.11 给出按土壤电阻率和所需保护电流（取决管道涂层质量）为指标时，外电流法和牺牲阳极法的选择准则。

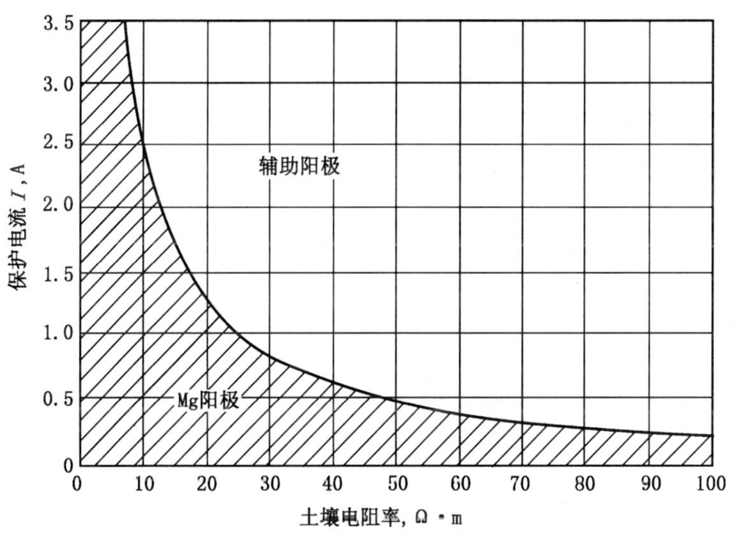

图 8.11　外电流法和牺牲阳极法的选择准则

（引自：胡士信《阴极保护工程手册》，334 页）

三、外电流保护设计

根据我国标准，新建管道可按经验参数设计，例如：自腐电位取 0.55V；通电点电位不负于 −1.25V（对沥青层）（电位均对饱和硫酸铜电极），土壤电阻率必须实测。管道运行后，可根据实测参数进行调整。设计中需要确定的参数有：电源（功率和总保护电流）、阳极材料和数量（地床结构）、阳极位置、通电点位置（保护长度和保护站位置）、电缆、测试桩及各类附属设施等。通电点单侧的最大保护长度可按下式估算：

$$L = \frac{1}{\alpha}\ln\left(\frac{E_{max}}{E_{min}}\right)$$

$$\alpha = \sqrt{\frac{R_m}{R_c}}$$

式中 E_{max}，E_{min}——最大（通电点）和最小保护电位；

α——衰减系数，其值由管道和土壤性质决定；

R_m——单位长度金属管道的电阻（Ω/m）；

R_c——单位长度管道外覆盖层电阻（$\Omega \cdot m^2/m$）。

为使用可靠，保护长度（双侧 $2L$）不宜超过 50km，阳极距管道距离 100m 左右。

四、外电流阴极保护设计实例

外电流阴极保护设计文本：

［原始资料］管道长度 200km，公称直径/壁厚为 600mm/8mm；绝缘层/厚度为聚乙烯/2.5mm，土壤电阻率（阳极附近 1.5m 深处实测）50Ω·m，阳极材料：高硅铸铁。

［计算部分］(1) 保护电流密度（按试验或估计得到，注明依据）：10μA/m²，管道总表面 $=2\times10^5\times0.6\times\pi=3.8\times10^5$，总保护电流 $=10\times3.8\times10^5\approx3.8$A。

(2) 最小保护长度（按公式计算）：103km；设计保护长度 50km，全线保护站 4 个，单站保护电流（计算）＝3.8/4＝1A/站，单站保护电流（含设计裕量）为 2～4A。

(3) 阳极设计。埋设方式：水平浅埋，单支阳极尺寸（长/直径）1200mm/40mm，单阳极重 10kg，每组阳极数量：3 个，间距 5m，阳极上电压 8V，电流流出阳极的电阻 6Ω，所需阳极地床填料（焦炭）：100kg。

(4) 电源设计。每个保护站电源设计电流 4A，电压 20V，电源效率 70%。

五、牺牲阳极保护设计

所需总保护电流计算和外电流法相同。

（1）阳极种类选择（取决土壤电阻率：镁阳极用于 40～60Ω·m 高阻土壤，锌阳极用于低于 15Ω·m 土壤，铝阳极在土壤应用较少）；

（2）阳极数量和寿命（根据所需总电流和每个阳极输出电流，计算阳极数量和重量。牺牲阳极工作时并不能按理论电量输出，例如，镁阳极电流效率只有 55％，大约有 45％消耗在电极本身或尚未解释清楚的副反应中）；

（3）阳极埋设（阳极埋在土层厚、湿润、电阻率较低地区，距管道最近 1.5m，一般 3～4m，阳极周围要有填料，以降低阳极扩散电阻，可单个或 2～4 个成组埋设）。

六、牺牲阳极保护设计实例

某输气管道，直径 325mm，全长 31km，采用石油沥青玻璃布涂层，沿线多山丘地形，土壤电阻率十几至数百欧姆米。管线附近有较多其他金属埋地构件，为防止采用外电流保护时电干扰，全线采用牺牲阳极保护。用锌阳极 187 支，每支单重 8kg，分为 24 组，水平埋设。设计寿命 20 年。埋设后对全线检测，保护电位均在 －1.05～－0.93V（CSE），保护效果良好。

第十四节　其他设施的阴极保护

一、金属地面储罐

金属储罐阴极保护分为：内壁阴极保护和罐底阴极保护。前者防止罐内腐蚀介质对罐壁内侧的腐蚀，后者防止罐底地基土壤对罐底板外侧的腐蚀。

1. 金属储罐内壁阴极保护

石油工业储罐多以：油、气、水为储存介质，原油或天然气储存中或多或少会析出沉降水，这些水和氧气、硫化氢等因素构成罐内金属腐蚀环境，也为阴极保护提供基本的导电环境。罐内阴极保护同样需要有良好的罐内覆盖层。所需保护电流密度和金属种类、罐内介质腐蚀性、覆盖层质量和保护回路电阻（含阳极电阻）等因素有关。裸钢保护电流密度一般为：54～430mA/m²。无其他数据时，设计可按120mA/m²计算，有覆盖层表面可按覆盖层的理论空隙度折合计算。保护范围重点在罐底内壁和1m以下的罐内壁。常用牺牲阳极方法保护。多选用铝牺牲阳极，在罐底以放射状均匀分布，用支架直接焊接在罐板上。也可用外电流保护，阳极用垂直悬挂、内部支撑等方式安装。

2. 金属储罐罐底阴极保护

储罐罐底座落在沥青沙地基上，当沙基有裂纹，地下水或雨水渗入罐底，导致罐底金属腐蚀。罐底阴极保护时，保护电流密度一般取5～10mA/m²就足够。在透气性差的环境，最小保护电位取-0.95mV（CSE）；罐底温度高于60℃时，最小保护电位也取-0.95V；当罐底中心电位无法测量时，为保证罐底全部得到保护，有些标准规定罐边缘电位不应小于-1.20V（CSE）（实际上罐底保护电位衰减和保护电流密度、罐直径、土壤电阻率等因素有关）。

二、井套管阴极保护

油、水井套管深入地层数千米，受到地层下复杂环境的腐蚀作用，牺牲阳极应用受到限制，一般采用外电流方法阴极保护。确定套管阴极保护电流的方法有以下几种。

1. 临时保护站法

在油田边缘选择一口井，在其附近建一临时阴极保护站，确定套管获得保护所需的保护电流密度。

2. $E-\log I$ 法

将套管看做电极，极化初期增加保护电流，其电位上升（绝对值）较缓慢，完全极化后，电位随保护电流对数变化，按套管极化 $E-\log I$ 曲线上转折点确定保护电流 i_p。更保险做法是根据Tafel线性区的开端电位 E_p（图8.12）的位置来确定保护电流。

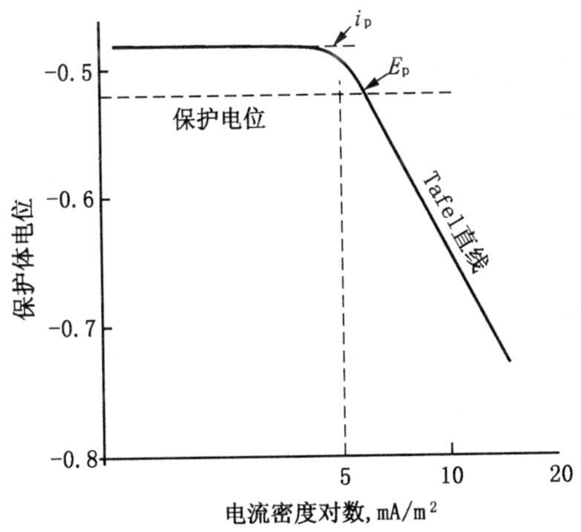

图 8.12　确定井套管保护电位的 $E-\log I$ 曲线

3. 电位剖面法

在套管内下一个电位测量仪，该仪器能测量套管内壁一定间距（5～8m）的电位差。从井底开始，每隔 30～50m 测量一次电位差，电位读数精度在微伏级。以井深为纵轴，电位差为横轴，得到整个井套管的电位剖面曲线。测量装置和测到的电位剖面曲线见图 8.13。曲线图中粗线是在自然情况下测得的电位曲线，曲线中电位下降区段（如 a→b）代表该段套管上有电流流入土壤，是受腐蚀的阳极区段，而 b→c 段为阴极区。根据阳极区电位降低值计算腐蚀电流密度：

$$I=\frac{V}{R\pi DL}$$

式中　V——阳极区两端电位差，mV；

R——该段套管的纵向电阻，Ω；

D——套管直径，m；

L——电位测量仪触点距离，m；

I——腐蚀电流（近似看做该井套管所需保护电流）mA/m²。

也可采用供电条件件的电位测量曲线，当阳极斜线消失时的

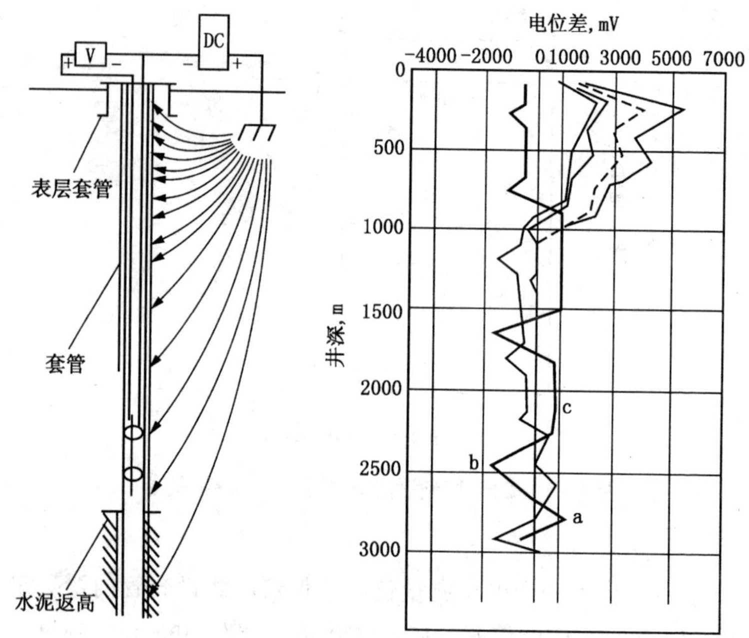

图 8.13 井套管的电位剖面曲线和测量装置

电流为所需保护电流大小。

缺乏试验手段时，按国内外油田经验数据，选 5～20mA/m² 为套管保护电流密度。

三、区域性阴极保护

区域性阴极保护以某地区全部埋地构件为整体保护对象。一般有两种形式：

（1）以油、水井套管为中心，分井定量给套管提供保护电流，各井之间用均压线连接以便平衡各井电位、减少其电位差。这种方法节电、可自动控制，但设备较复杂、投资大、容易因井间电位差造成电干扰。

（2）把保护区域内所有地下设施当成一个阴极实体，通电点设在保护站就近的管道上，管道同时起传送保护电流的作用，油水井套罐、储罐等看做保护体系的末端。这种方法投资少，避免干扰，但对阳极位置设置十分严格，否则电流分配不易均匀。

区域性阴极保护有以下特点：

(1) 保护电流比较大，所以要求辅助阳极能耐高电流密度，消耗少，一般选高硅铸铁或石墨。阳极地床离保护构件距离应大于30～50m以上，太近易造成电屏蔽和电流分配不均等问题，阳极尽量采用少量、多组、分散布置，阳极位置的优化十分重要。

(2) 阴极保护直流电源一般选择50～100A/单台，以三相直流恒电流仪为宜，输出电位至少两档可调（能输出额定电流的60%)。

(3) 控制保护电流流失，在保护区边缘应当设绝缘法兰或接头，与外部非保护区隔开，如果边缘构件保护有困难或经济上不合理，应单独保护或加牺牲阳极补充保护。

第十五节 阳极保护

一、阳极保护基本途径

阳极保护是利用某些金属在阳极极化（电位向正值移动）时能变成钝态的现象。根据阳极活化—钝化曲线可知，曲线上存在：活化区、钝化过渡区、稳定钝化区和过钝化区（见图8.14)。金属处于稳定钝化区时，腐蚀速度至少下降1～2个数量级。实现稳定钝化的方法有：

(1) 用外电流阳极极化方法使金属电位移到钝化区；

(2) 环境中加足够浓度氧化剂，促使金属发生钝化；

(3) 改变材料性质，使其更加容易钝化或发生自动钝化。

其中第一种方法是最常用的，一般阳极保护也是指这种方法。

二、阳极保护的控制参数

阳极保护时通过材料钝化曲线参数来控制钝态形成（改变材料、介质和钝化时间等)：

(1) 使致钝电流密度（B点对应电流密度）减小，使钝化容易产生；

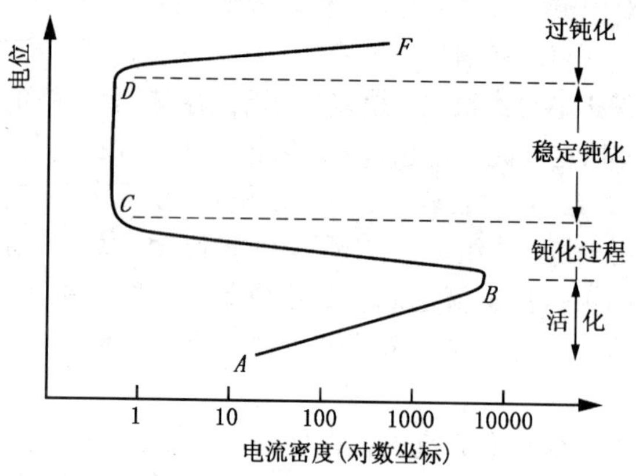

图 8.14 典型的阳极钝化曲线

(2) 使维钝电流密度(C 和 D 点对应的电流密度)减小,即:保护后金属腐蚀速度减小(和阴极保护技术不同,阳极保护不可能使金属腐蚀速度降到零)。

(3) 使稳定电位区(C 和 D 点间电位差)增大,即:阳极保护中的电位控制范围较大,一般此范围不应小于 50mV,否则很容易因电位波动导致钝化破坏。

这些参数由材料—环境的阳极极化曲线得到。阳极保护设计前必需已知这些数据。

表 8.20 给出某些阳极保护事例中的参数条件。

表 8.20 各种体系下阳极保护的控制三参数

环 境	材 料	温 度 ℃	致钝电流密度,A/m²	维钝电流密度,mA/m²	钝化电位区 mV (CSE)
96%~100%硫酸	碳钢	93	62	0.46	>600
50%硫酸	碳钢	27	2325	31	+600~+1400
67%硫酸	不锈钢	24	6	0.001	+30~+800
67%硫酸	不锈钢	93	110	0.009	+100~+600
75%磷酸	碳钢	27	232	23	+600~+1400
85%磷酸	不锈钢	135	46.5	3.1	+200~+700
20%硝酸	碳钢	20	10000	0.07	+900~+1300

除上述三参数外，还存在一个阳极保护最佳电位，它相当于维钝电流密度最低、材料表面双电层电容最小、表面膜电阻最大的状态，此时钝化膜最致密、保护效果最好。

三、阳极保护体系的组成

以钢制硫酸储罐的阳极保护体系为例。整个体系包括：（1）阳极（被保护的钢制储罐内壁）；（2）辅助阴极（铂或镀铂电极）；（3）参比电极（铂电极或者如图所示采用的盐桥和甘汞电极）；（4）电源（和阴极保护类似的恒电位仪或直流整流器，但容量要大得多）；（5）导线（电缆）等。装置示意图见图8.15。

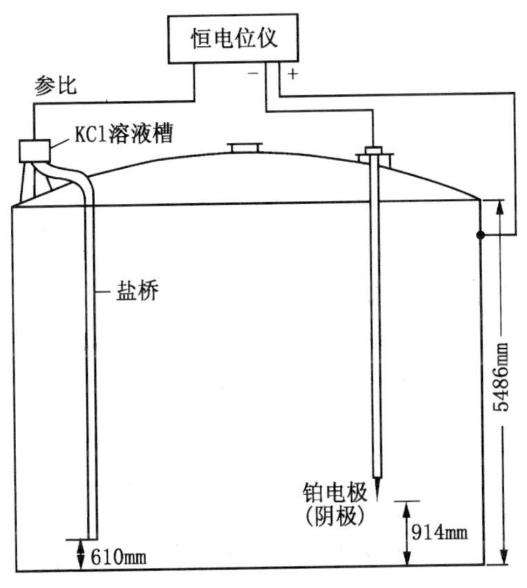

图8.15　钢制硫酸储罐的阳极保护体系

恒电位仪三个接头分别标以工作电极、辅助电极和参比电极。如果将钢罐接工作电极，那么外电流极化方向必须使工作电极处于阳极极化（注意：阴极保护时电流方向恰好相反）。

阳极保护的辅助阴极应在所用介质中稳定，如：对浓硫酸等强腐蚀性介质，可采用铂或包铂的阴极；对稀酸溶液可用高硅铸铁或普通铸铁；对盐类溶液可用高镍铬合金；对碱溶液，可用普通碳钢。阴极表面积应尽可能大，以减少接触电阻，工程上一般采用长的圆柱体阴极。阴极材料选用时最好在所用极化条件下经过腐蚀试验。

阳极保护的参比电极，如果直接接触介质，应选择在该腐蚀环境下不溶，主要有：金属/不溶性盐电极，金属/氧化物电极或金属电极等。表 8.21 给出各种介质使用的参比电极。

表 8.21　阳极保护采用的部分参比电极

参比电极	使用环境介质	参比电极	使用环境介质
Pt/PtO	硫酸	铂电极	硫酸
Au/AuO	酒精溶液	铋电极	氨溶液
Ag/AgCl	硫酸、尿素—硝酸铵、磺化溶液	不锈钢	氮肥溶液
$Hg/HgSO_4$	硫酸、羟铵硫酸盐	硅电极	氮肥溶液
Mo/MoO_3	纸浆、绿液或黑液	甘汞电极	各种浓度硫酸

四、阳极保护的相关技术

1. 间隙供电技术

间隙供电是根据钝化膜在断电后能够自动维持一定时间的原理而采用的节能技术。其方法之一是通电一定时间后断电，隔一定时间后再通电，如此反复。通电时间往往比断电时间短，如：30～40℃的 100%硫酸储罐阳极保护时，通电时间只占整个时间的 10%，27℃下 93%硫酸储罐阳极保护的通电时间只占 1%。间隙供电方法之二是采用脉冲电源控制保护电位上下值，以恒流法对设备阳极极化，当电位超过上限，自动断电，当电位低于下限，自动接通。

2. 联合保护技术

和阴极保护一样，阳极保护也可以和涂层或无机缓蚀剂联合保护。如：一个直径 2.2m，高 18m 的碳化塔进行阳极保护，塔内无涂层时，需用 2000～2500A 大电流，经过几小时至几十小时才能建立钝化；采用涂层后，只需 300～500A，经几分钟至1～2小时就可达到全塔钝化。此外，硝酸铵、尿素介质中加重铬酸钾缓蚀剂、氨水中加硫氰化钠、碳酸氢铵中加硫化钠、碱性纸浆中加硫黄都有效降低了致钝电流密度。

第十六节　油气田设备防腐蚀技术简介❶

一、杆式泵和潜式电动泵

目前大多数油井采用杆式泵、大排量（$100m^3/d$）井则采用潜式电动泵。

杆式泵一般采用低碳钢、铸铁等制作，在含硫化氢的高含水原油中，杆式泵一年需更换8～9次，再加上其阀门部件，每年每口井维修达16～17次。失效原因主要是其球阀连接部件的腐蚀疲劳和腐蚀磨损。

潜式离心电动泵维修周期要长的多，平均检修周期300d，其失效往往由于某些零件损坏，如：防水系统弹簧脆性破断等。除了控制环境介质（如：加缓蚀剂等，由于环境复杂性，很难给出通用防护措施）外，最常用方法是采用耐腐蚀、耐磨损材料提高泵各个部件的耐久性，如：马氏体不锈钢和工程塑料都是有前途的制造材料。

二、抽油杆

杆式泵抽液所采用的抽油杆一般由40＃碳钢和低合金钢制造。统计表明，抽油杆故障是影响油井生产最主要因素。抽油杆在循环机械载荷和腐蚀介质综合作用下，加速了低循环腐蚀疲劳裂纹发展。抽油杆除受轴向脉冲载荷外，还受到纵向的弯曲载荷，在低循环条件下，起决定性影响的是腐蚀因素，与钢强度特性无关。抽油杆寿命直接取决它的防腐蚀措施。防腐蚀方法之一是：对表面高频淬火，硬度达到HRC56～60，在不含

---

❶　本节参考资料：［苏］萨阿基扬等著，周慧麟译，《油气田设备防腐蚀》，北京：石油工业出版社，1988。

硫化氢环境下使用寿命提高一倍多；方法之二是表面渗铝，在硫化氢水溶液（pH 值 = 4.1）中，铝保护层发生钝化，电位由 −0.7V 提高到 −0.32V，有效抑制其阳极和阴极过程；方法之三是加缓蚀剂。

三、井口设备

井口设备用于悬挂油管、使井口和油管外环空间密封、调节喷涌状态和使井产物导入至管路或收集装置，包括：三通管、转盘、四通管、缓冲器、止流装置（阀门、旋塞等）。当介质中存在磨粒时，止流配件工作面受腐蚀和磨损的协同作用，含硫化氢和二氧化碳的高含水原油，可使阀体和闸板表面形成疏松腐蚀产物和大量麻坑。采用性能优良的材料制作井口阀门是有意义的，如：奥氏体不锈钢阀门法兰垫片、镍铬铁耐热合金弹簧、石墨氟塑料弹性元件等都有良好性能，在密封面涂覆聚合物涂层（如：环氧粉末、聚氯醚涂层等）也是有前途的方法，有资料表明，涂层可使元件使用时间延长一倍。

四、气体净化设备

天然气开采工业中气体净化和干燥具有特别重要意义，因为不去除天然气中可能含有的硫化氢、二氧化碳、水分等有害杂质，它们无法直接输送和使用。

气体干燥、净化装置之一是：直径 2～3m、高 15～20m 的柱型吸收塔，内装填料或分馏塔板。吸收塔由碳钢制造。利用 90%～99%的一缩二乙二醇吸收气体所含水分；利用液体，如：一（或二）乙醇胺水溶液吸收气体中酸性腐蚀性杂质。净化、干燥过程中吸收液组成、浓度、温度等参数变化，导致其腐蚀性能也变化，较高温度、吸收较多酸性杂质的吸收液对碳钢等材料具有较强腐蚀性，可能导致解吸塔中上部和洗提塔发生腐蚀破裂，塔中部件改用不锈钢是合适的。在热交换器中，因管内流速大、紊流、高温及酸性气体逸出等条件，腐蚀最为强烈，建议在进入热交换器外壳处安装不锈钢挡板，减少腐蚀和磨损。管子、管板、管束上部因酸性气体逸出和交替湿润、干燥等条件造成恶劣腐蚀条件，设计上保证管束液层高度不小于15～20mm可减缓这种腐蚀。

五、海上井架、栈桥基础

海上井架、栈桥基础由钢管桩、跨构组成。钢桩部分位于水面，大部分在水下和土层，跨构横梁和衍架在水面1～7m。所以存在四种腐蚀环境：土壤区、永久海水浸没区、周期湿润—飞溅区和海洋大气区。图8.16给出在原苏联里海使用11年后，在不同腐蚀区的钢桩腐蚀深度分布（A）和破坏载荷值（B）变化曲线，表明最严重腐蚀一般出现在周期湿润—飞溅区。用涂层保护钢铁表面是防止海洋腐蚀的基本方法之一，如：乙烯基瓷漆涂层在飞溅区使用具有很高粘接能力。镀（喷）铝钢在海洋大气使用具有很大优越性，此外，对海上井架、栈桥钢桩进行阴极保护也十分有效，常用镁牺牲阳极，近年来，加银、锑、铋、碲的铅合金及钛合金应用在海上阴极保护。

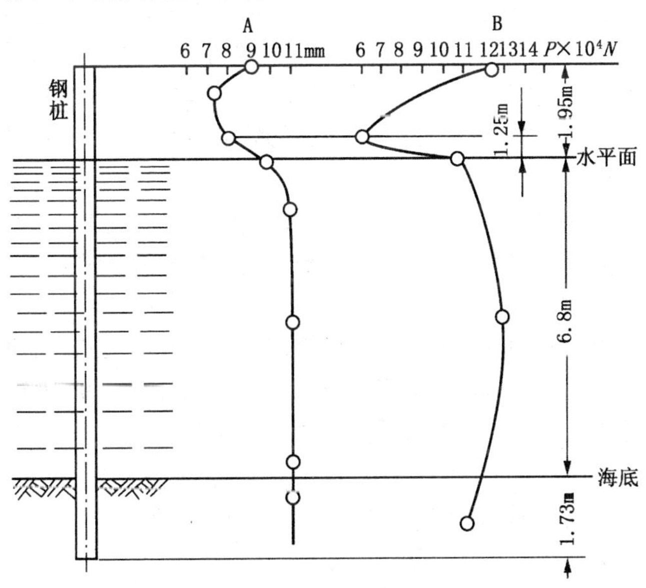

图8.16　海洋钢桩在不同区的腐蚀

（A）腐蚀深度；（B）破坏载荷

第十七节　与防腐有关专项技术

一、油气田水处理技术

水是石油的天然伴生物。中国多数油田采用注水开发技术，每生产 1t 原油大约消耗 2～3t 水。这些水大多来自采出原油的含油污水，处理后再回注。

油田污水水质复杂，矿化度高，又可能含硫化氢、溶解氧、二氧化碳等有害成分，腐蚀性极强，此外，污水的细菌腐蚀、结垢堵塞等也是常见问题。据统计，注污水泵平均每运转 6～15 天就需要检修一次，油田水处理技术主要包括以下内容。

1. 缓蚀技术

水质降低腐蚀性的处理途径主要有改变水质和添加缓蚀剂两种。前者有：除氧（包括：加热、真空和化学药剂除氧等方法）；除气（特别是除去 H_2S、CO_2 等）和改变水 pH 值等。后者则依靠缓蚀剂，也称为油田水处理缓蚀剂，分为无机和有机两大类。无机缓蚀剂大多为亚硝酸盐、铬酸盐，因为有显著毒性，近年来逐渐被以生成吸附膜为特征的有机胺类缓蚀剂代替。这类有机胺及其衍生物是一类表面活性剂，其分子一侧为亲水基团（极性基），可在金属表面物理或化学吸附，另一侧为疏水基团，在水溶液中形成一层斥水屏障，使金属不受腐蚀。

2. 阻垢技术

油田水所到部位均可能发生结垢：从地层、井筒到地面管道、容器。水垢导致热传导效率降低，阻塞管道、增大输送阻力和减少流量，还可能造成严重的垢下腐蚀。油田水常见垢层是碳酸钙、硫酸钙等水垢，此外，还可能包括钡盐、镁盐、氧化铁等水垢及有机物、淤泥、沙子等混合形成的污垢。以碳酸钙结垢为例，常采用以下指标来评价结垢倾向：

Langlier 饱和指数（LI）$= \mathrm{pH} - \mathrm{pHs}$

Ryzner 稳定指数（RI）$= 2\mathrm{pHs} - \mathrm{pH}$

式中　pH——水质的实际 pH 值；

pHs——水中达到溶解平衡（碳酸钙饱和状态）时的 pH 值。

pHs 可通过水中钙离子含量、总碱度、温度及各种平衡常数计算得到（见例题），也可以采用实验方法测定。

稳定水质的控制指标是：*LI* 为 0～0.5，*RI* 为 6.0～7.0。

LI 越正或 *RI* 越小代表该水质结垢倾向越强；反之，*LI* 越负或 *RI* 越大代表水的腐蚀性越强。

控制水结垢方法有：（1）控制水 pH 值（水质调节）；（2）除去钙、镁等离子（软化处理）；（3）避免不相容水质混合（如：氯化钙水型和碳酸钠水型混合引起沉淀）；（4）加阻垢剂。

阻垢剂是一类化学药剂，能有效减轻或阻止结垢。油田水处理常用阻垢剂分为：无机聚磷酸盐、含磷有机缓蚀阻垢剂、低分子量阻垢剂和天然阻垢剂等几类。代表性物质有：磷酸酯、焦磷酸酯、多元膦酸（如：HEDP、EDTMP）、聚丙烯酸、聚丙烯酰胺、水解聚马来酸酐（HPMA）以及淀粉、丹宁、木质素等。

3. 杀菌技术

微生物是一类形体微小的单细胞或简单多细胞低等生物，包括：各类细菌、真菌、病毒等。从腐蚀角度考虑，也可以将浮游生物、藻类等归为一类。这些生物适应性强、数量多、分布广、繁殖快、易变异。其共同规律是需要一定温度、含氧、盐度、pH 值等生存环境，需要特定的营养物质。

控制微生物生长的方法有两类：（1）清除微生物生存环境（例如：改变水质温度、pH 值等条件，用涂层保护或施加阴极保护）；（2）加杀菌剂。

杀菌剂按功能可分为杀菌剂和抑菌剂，后者只阻止或抑制细菌生长。按成分可分为无机杀菌剂（如：氯气、铬酸盐、硫酸铜、汞化合物等）和有机杀菌剂（如：氯酚、大蒜素、季铵盐等）；按杀菌机理可分为氧化型杀菌剂（如：次氯酸钠、三氯异三聚氰酸、高铁酸钾等）和非氧化型杀菌剂（如：氯酚、季铵盐等）。

4. 净化技术

污水中机械杂质、悬浮固体等不仅可能造成地层阻塞，也为细菌繁殖提供条件，所以必须采用机械方法（沉降和过滤等）或化学方法（加净化剂）来尽量降低水中可能存在的固体杂质，必要时还需除油（例如，向加热炉内加入高效破乳剂，除去水中所含小油滴）。水净化剂是一类化学物质，它们在水中形成胶体，促使溶液中固体杂质加速沉降。有：无机混凝剂和有机絮凝剂两大类。前者如：日常生活中经常使用的明矾（硫酸铝钾）；工业中使用的性能更好的聚合铝或聚合铁混凝剂。有机絮凝剂效率一般高于无机混凝剂几倍至几十倍，按分子量划分为低聚合度（分子量 1000 至数万）和高低聚合度（分子量数十万至数百万），按絮凝离子划分为阴离子型、阳离子型、非离子型和两性型。典型代表有：羧甲基纤维素、聚丙烯酰胺、聚硫脲醋酸盐、聚乙烯胺、动物胶、聚环氧乙烷等。

计算例题：天然水中饱和指数的计算。饱和指数 = pH − pHs，需先要得到 pHs。

根据天然水中碳酸钙平衡的计算，只要 pHs 小于 9.5，有以下近似公式：

$$pHs = p[K_2] - p[K_S] + p[Ca^{2+}] + p[alk]$$

式中 p——取常用对数的运算；

$[K_S]$，$[K_2]$——反应 $CaCO_3 \rightarrow Ca^{2+} + CO_3^{2-}$ 和 $HCO_3^- \rightarrow H^+ + CO_3^{2-}$ 的平衡常数；

$[Ca^{2+}]$、$[alk]$——钙离子和溶液碱度（甲基橙指示时，滴定每升溶液的碱当量）。

计算需查 K 值（受温度和总盐量影响）。如用若模图则比较简单。图 8.17 中，$[Ca^{2+}]$ 和 $[alk]$ 均为相当于 $CaCO_3$ 的浓度值；温度以华氏℉表示。和摄氏温度换算关系为：

$$n\times℉ = (n-32)\times(5/9)℃ \text{或} n\times℃ = [n\times(9/5)+32]℉$$

首先通过总盐量（横坐标浓度）和温度（图右方曲线）查得该条件下

的C值（相当公式中的p［K_2］－p［K_S］项），然后根据［Ca^{2+}］和［alk］的浓度（横坐标）在图左方两条直线查找相应的p［Ca^{2+}］和p［alk］。上线为［Ca^{2+}］；下线对应［alk］。pHs为上述三项之和，和实测pH值之差为饱和指数。例如，某溶液总盐量210mg/L，以$CaCO_3$表示［Ca^{2+}］＝120mg/L，［alk］＝100mg/L，温度120℉，从图8.17可得到：C＝p［K_2］－p［K_1］＝1.70；p［Ca^{2+}］＝2.92；p［alk］＝2.70。

$$pHs = 1.70 + 2.92 + 2.70 = 7.32$$

二、管道清洗技术

结垢引起管道有效输送能力下降，能耗增大，而且结垢为缝隙腐蚀、细菌腐蚀提供条件，本节介绍如何清除管道等设备结垢层，使之恢复原状的方法，称为清洗技术，有以下几类：

1. 化学清洗

垢层种类极多，如：水垢、锈垢、油垢、生物垢等。水垢由水中钙、镁、钡等离子和CO_3^{2-}、SO_4^{2-}、SiO_3^{2-}等阴离子生成的不溶性或难溶性化合物组成，成分差异很大。采用特定溶剂可使这些垢层重新溶解。最常用溶剂是酸，酸洗中需要注意以下问题。

（1）确定酸洗液配方。最常见酸洗液为：4%～10%HCl加0.2%～0.5%缓蚀剂加辅助试剂，如：含硅酸盐的垢最好加些氢氟酸。辅助试剂还包括：渗透剂、表面活性剂等。酸洗液必须预先经过试验，保证所用酸洗液在清洗条件下对垢层有良好溶解能力（或使之松动、脱落），此外还必须保证对垢层下金属无明显腐蚀（用空白失重试片检查）。

（2）酸洗前，需要对垢层表面预处理。一般先用碱溶液（如0.5%Na_3PO_4或0.2%Na_2HPO_4）除油或溶解部分碱溶性物质，然后用清水冲洗到pH值为8～9。

（3）酸洗过程控制参数是：清洗温度、时间、流速和酸液用量，它们由垢层种类和预备试验结果来确定。酸洗方法有：停车清洗、不停车清洗、循环清洗、开路清洗等，根据被清洗设备状态条件和用户要求决定。

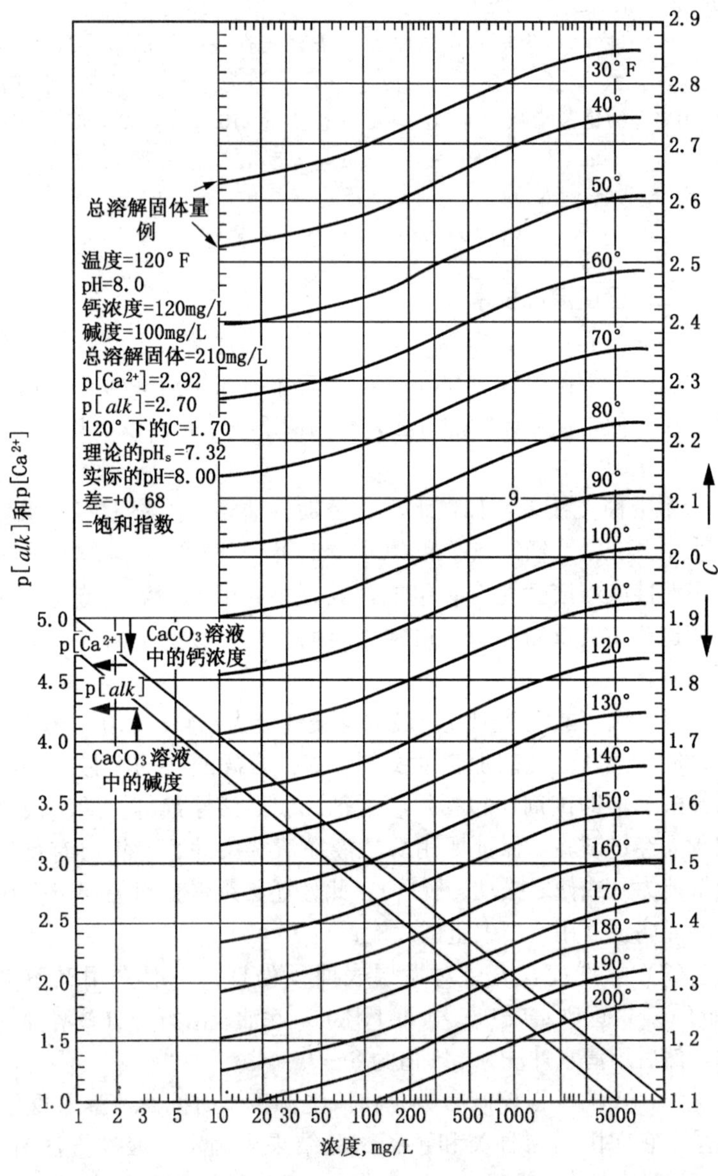

图 8.17 计算 pHs 的诺模图

（4）酸洗过程监督。控制酸浓度以保证除垢效率和避免金属本体腐蚀，酸洗终点按以下指标判断：清洗中已不再有气泡产生、洗后的酸浓度趋于稳定不变、二价铁离子浓度上升到稳定值（对钢制容器）等。

（5）酸洗后处理。主要有：水冲洗、中和、钝化等步骤，目的是清除残留酸液和使清洗后金属表面形成一层稳定保护膜。

（6）酸洗废液的妥善处理。可采用稀释、中和或加特殊试剂处理以达到安全排放标准。

2. 机械清洗

以管道清管器为代表的机械清洗技术近年十分流行，广泛用于各种管线的清洗、维护及检测。清管器是一种靠管内介质背压为动力，能在管内自行移动，并刮削管壁污垢、将其推出管外的机械装置。主要部件为：清管器、发射和接收装置、检测仪器等。具有清洗管径范围大（50～300mm），一次清洗数十公里管线，不腐蚀金属本体，对环境无污染等优点。

清管过程大致分以下步骤：

（1）现场勘察。记录被清洗管道类型、承压、管径（特别是内径）、管线长度和精确走向，特别注意管道变径、弯头、起拱等状况。

（2）结垢调查。管内垢层成分分析、结垢厚度估测、附着状态、清垢历史记录等。

（3）确定发射端和接收端位置，在该位置挖出管道，按设计图纸改造管道。

（4）清管器和检测仪器调试。按管线内径、长度、垢厚度、承压能力等参数选择适当的清管器尺寸。标记好使用序号，调试好每一台跟踪仪、定位仪等仪器，确定清洗过程。

清洗方法分停产和不停产两种。清洗的典型流程图见图8.18。

3. 高压射流清洗

以清水为介质，靠高压射流强大冲击力直接剥离垢层。该

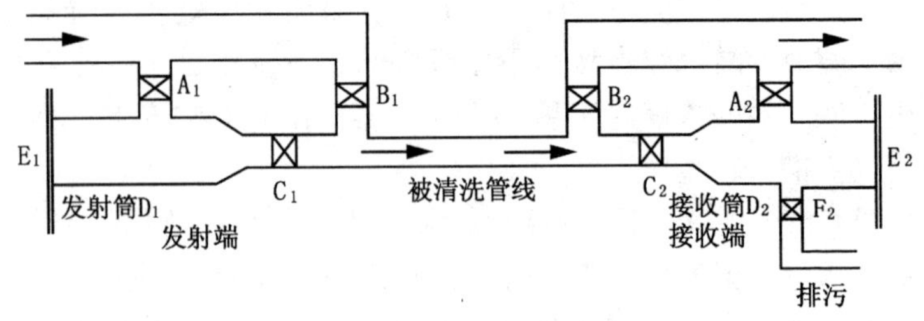

图 8.18　清管器的典型清洗流程

A，B，C，F—阀门；E—盲板；D—发射筒和接受筒

技术 1950 年在美国出现，我国在 1970 年用于清洗船体，现也在管道、容器等领域应用。该技术设备小、机动灵活、清洗效率高、不污染环境，由于高压喷嘴与被清洗物处于非接触状态，易于对核电站、有毒物质容器进行远距离清洗。清洗步骤大致如下：

（1）现场勘察。了解管道或设备类型、材质、规格、长度、承压性能、确定清洗方案（清洗车位置、喷头位置、水源等）。

（2）垢层分析。垢层厚度测定、附着力和硬度、垢层类型等。

（3）清洗参数。确定清洗功率（喷射压力和流量的乘积）、喷嘴大小等。

（4）清洗机装备。高压水射流清洗机包括：动力（柴油机）、高压装置、喷嘴、高压胶皮管、其他辅助配件。使用前保证处于良好状态，备件充足。

（5）清洗过程。连接高压软管，其长度不小于被清洗长度的二分之一，清洗喷头一般随清洗过程送入管内。喷头可以多组，向后倾斜冲击垢层，同时使喷头得到前进动力，清洗一定距离后（由垢层厚度决定），需及时将清下污垢从后方排出。排污后，喷头继续前进清垢，如此重复直至清洗完整个管道。

第十八节 防腐蚀工程和腐蚀经济学

一、防腐蚀工程简介

防腐蚀工程是一项系统工程，应当贯穿在设备设计、制造、运行、管理、维护、故障诊断到维修的全过程中。以下为一般性原则。

1. 腐蚀因素调查

防腐蚀工程设计之前必须对工程所处环境进行调查，测量和收集尽可能详细的与腐蚀有关的资料。油气田工程的常见环境为：土壤、水、大气和油气介质。

土壤腐蚀调查一般需确定土质和测量土壤电阻率，重要工程还应测量土壤含水、pH 值、氧化还原电位、容重、含盐量等理化性质，条件许可时最好进行现场埋片和电化学测量。

水腐蚀性调查一般测定 pH 值、电导、硬度、溶氧、含盐量等，水样取回后用室内挂片及电化学方法确定对金属的腐蚀速度。

大气腐蚀调查重点了解大气相对湿度、温度、主要污染物（盐颗粒、二氧化硫等）等主要因素及风向、光照、降雨等次要因素在一年四季的变化规律。

原油腐蚀调查需测定原油酸值（环烷酸）及含水、硫化氢、二氧化碳、盐类、细菌等量。特别注意，高含水（30%）及含硫化氢的原油往往具有很高腐蚀性。

天然气腐蚀调查需测量气中含水、硫化氢、氧、二氧化碳、盐类及固体颗粒物的量，此外还必须了解使用条件的温度、压力、流速等参数。

2. 防腐蚀设计

1）正确使用各种材料

任何金属设备设计中都会考虑预留腐蚀裕量。例如，埋地使用的 ϕ200mm 钢质输油管道，设计壁厚 8mm，如果很好控制其土壤腐蚀（如：采用有效阴极保护），那么壁厚 6.35mm 足以满足管道强度要求。腐蚀裕量根据一般条件设定，可能会过大或过小。假设某环境土壤对钢管平均腐蚀速度为 0.075mm/a，按 20 年使用寿命考虑，设计时预留腐蚀裕量 1.5mm（$0.075\times20=1.5$mm）。如果土壤腐蚀性高于此值或出现严重点腐蚀现象，那么上述设计寿命就无法保证。

2）合理设计金属结构

防腐蚀设计一般性原则有：结构尽量简单，减少边、棱、角等部位；容器排水管口应位于最低处，避免残余液体积留；容器加液管尽量伸入容器中部，避免加液时物料飞溅；尽量以焊接代替铆接，避免缝隙腐蚀；使用法兰连接时应避免使用吸水性垫片；有高速液流时，增加挡板或折流板，减少冲击腐蚀；设备高温（800～1000℃）部位是腐蚀多发区，应重点防护；设计中避免出现应力集中，必要时采取消除残余应力的措施；同时使用不同金属时，应考虑电偶腐蚀，不同金属电位差应小于 50mV，而且绝对避免出现“小阳极、大阴极”格局。

3）考虑机械加工中防腐蚀

焊接工艺中应当及时清除焊瘤、喷溅，修补和打磨焊缝，避免缝隙产生，对焊接热影响区特殊腐蚀应当采取预防措施，铸造工艺中应当减少缩孔、砂眼、夹渣或微裂纹，在相同材料和介质条件下，铸钢件往往比轧钢件更容易遭受腐蚀，冷加工常造成较大残余应力，如：热交换管胀管部位，U 型管的弯曲部位都是首先遭受腐蚀的位置，热加工虽不引起较大残余应力，但易造成碳钢脱碳、不锈钢敏化等现象。表面处理有利金属的防腐蚀，因为表面氧化皮、污物、划痕等往往是局部腐蚀起源点，但表面酸洗处理应当注意避免造成钢材氢脆等氢腐蚀。

4）合理使用覆盖层及包装材料

油气田环境恶劣，油气田工程设备、装置大都需要覆盖层防护。例如：埋地管道埋设前应有良好外防护层。储罐内外壁均需防护：外部采用耐大气腐蚀涂料、内部采用耐油或耐高浓盐水的涂料。装备投用前或停产期间也需保护措施。

防腐蚀工程应积极稳妥地采用新技术、新材料。严格遵守技术规范和标准，石油行业在防腐蚀领域制定了大量技术规范，是本行业专家经充分论证后得到的，其中不乏许多用惨痛教训换来的经验，必须按章办事，切忌主观性、随意性和盲目性。

3. 防腐蚀工程验收

防腐蚀施工严格按施工人员自检、班组长抽检和专职检验员终检的三级质量管理体系进行。工程竣工后由施工单位和建设单位共同验收。遵照有关规范，验收时需提交以下资料：

（1）设备所用材料、管子、零部件合格证（抄件）或其他质量检验文件；

（2）竣工设备装置的质量试验报告和现场复验报告；

（3）设计变更书、材料代用技术文件和施工中对重大技术问题的处理记录；

（4）隐蔽工程的自检记录及修补、返工记录。

二、腐蚀经济学简介

腐蚀造成的安全威胁越来越受到重视，但经济问题仍是腐蚀工程目前考虑的重要因素。防腐蚀技术方案选择有两大原则："技术可靠"和"经济合理"。前者从技术出发，后者从经济出发。两者兼顾，不可缺一。正如美国腐蚀科学家方坦纳所言，用钛合金制作汽车排气管可解决腐蚀难题，但就目前价格而言是不合理的。

腐蚀经济学在西方国家十分看好，本节介绍较流行的方案比较法。它基于以下原则：

（1）根据金钱时间价值，即：钱能生钱原则，不同时间现金流量需折算成同一时点比较；

（2）防腐蚀工程往往是某大工程的局部项目，所以方案比较时采用局部比较方法；

（3）防腐蚀工程效益和总效益相关，难以单独定量估算，所以假设它们效益相同或基本相同，以最小费用作为工程比较依据：费用越低，方案越优。

介绍方案比较法的数学计算前，首先解释某些经济学名词和概念：

折现率、利率（Discount Rate，Interest Rate）i；项目计算期 n（计算期时间，防腐蚀工程中一般以年为单位）；现值 P（任何现金流量折合成计算项目第一年的价值）；终值 F（任何现金流量折合成计算期末年的价值）；年金 A（将一定现金流量平均分摊到每年的平均值）。例如：20 元钱存入银行，年利率 5%，一年后变成 21 ［20（1 + 0.05） = 21］元，即：一年后 21 元相当于现值 20 元或 20 元相当于一年后终值 21 元。又例如，20 元现金分四年内平均使用，如不考虑利率，每年平均 5 元，但有 5%利率时，到第一年末 20 元本金变成 21 元，支付 5 元，余下 16 元仍在银行生息，第二年末，产生利息 0.80 元。减去 5 元后还剩 11.80 元，如此进行，四年支付 20 元后，银行内还有余款 2.76 元，或者说，只需要 17.73 元（20 元减去 2.76 元的现值）。就可按每年 5 元支付四年，即：17.73 元相当于四年内平均每年年金 5 元或 4 年内每年 5 元年金相当于现值 17.73 元。

为了方便 P、F、A 之间换算，引入 6 个系数，其中常用三个系数见表 8.22。

表 8.22　常用换算系数名称和公式

名　称	表示符号	换算关系	计算公式
现值系数	$(P/F, i, n)$	$F \rightarrow P$	$(1+i)^{-n}$
资金回收系数	$(A/P, i, n)$	$P \rightarrow A$	$\frac{i(1+i)^n}{(1+i)^n-1}$
年金现值系数	$(P/A, i, n)$	$A \rightarrow P$	$\frac{(1+i)^n-1}{i(1+i)^n}$

其他系数可类推，如：终值系数（F/P，i，n）是将现值折合成终值时所用的系数，显然，它和现值系数互为倒数，等于

$(1+i)^n$。一般经济学书籍已给出这些系数值表，无需计算。

防腐蚀工程费用大体包括以下几部分费用：

（1）全部投资，包括：建设投资 I 和流动资金 W（项目期末可 100％回收）；

（2）运行费用，为总成本费用扣除折旧、摊销及利息支出，防腐蚀工程不考虑管理费用、财务费用和销售费用，主要为“生产成本”，即：包括经营费用 K（运行费、维护费、电费、人工费等）和定期发生费用 X（定期大修、更换、腐蚀调查等）两部分；

（3）固定资产余值，计算期末回收的固定资产余值 V，是一笔收入。

它们的计算公式汇总见表 8.23。

表 8.23　计算项目和公式汇总表

计算项目	现值 PC	年费用 AC
建设投资 I	I	$I\ (A/P,\ i,\ n)$
流动资金 W	$W-W\ (P/F,\ i,\ n)$	$[W-W\times\ (P/F,\ i,\ n)]\ (A/P,\ i,\ n)$
经营费用 K	$K\ (P/A,\ i,\ n)$	$-K$
定期发生费用* 每 m 年发生资金 X，总共发生 i 次，$m'=i\times m$	$X\ (P/F,\ i,\ m)\ \dfrac{(A/P,\ i,\ m)}{(A/P,\ i,\ m')}$	$X\ (P/F,\ i,\ m)\ \dfrac{(A/P,\ i,\ m)}{(A/P,\ i,\ m')}\ (A/P,\ i,\ n)$
固定资产残值	$V\ (P/F,\ i,\ n)$	$V\ (F/F,\ i,\ n)\ (A/P,\ i,\ n)$

有两类方案比较法：

（1）现值比较法（PC 法），将不同时间资金流量折合成现值（第一年的值）进行比较；

（2）年费用比较法（AC 法），将不同时间资金流量折合成每年的年金值进行比较。

项目计算期相同的方案宜采用现值比较法，计算期不同的方案宜采用年费用比较法（如采用现值比较法，需按其不同计算期的最小公倍数计算现值）。

计算例题：某输油管道首站的站内储罐、管道等设备资产共 7200 万元，预期使用寿命 15 年，现欲增加阴极保护措施对上述设备进行区域性保护，需投资 90 万元（见工程费用表前三项），其好处是（1）使寿命延长到 23 年；（2）大修周期由原来每两年一次延长到每 3 年一次。试用上述两种比较法对“加和不加”阴极保护方案进行经济评价（折现率 $i=10\%$）。

表 8.24　首站区域性阴极保护工程费用表

序号	费用名称	分项明细	费用，万元
1	建设费用：90 万元		
	（1）设备、材料费：43.20 万元	恒电位仪 4 台及测量仪表	8.20
		深井 2 座	8.00
		高硅铸铁阳极	3.00
		锌接地极	7.00
		绝缘法兰	8.00
		测试桩极电缆	5.00
		长效参比电极及易耗品	4.00
	（2）施工及测试费：34.30 万	阴极保护设备安装测试	24.50
		罐区地面恢复	9.80
	（3）其他费用：12.50 万	外协、运杂、资料、差旅等费用	12.50
2	流动资金	不加阴保 0.25 万，加阴保 0.92 万元	
3	每年经营费用	不加阴保 0.25 万，加阴保 0.92 万元	
4	（1）定期腐蚀调查	每 5 年一次，每次 5 万元	
	（2）大修（固定资产 3%）	不加阴保 2 年/次，加阴保 3 年/次	
5	设备报废后的回收预值	按资产原值的 3%计算	

表 8.25　具体计算结果（单位：万元）

项目		现值比较法		年费用比较法	
		不加阴极保护	加阴极保护	不加阴极保护	加阴极保护
全部投资	建设投资 I	7200	7290	946.8	820.854
	流动资金 W	0.19	0.817	0.025	0.092
运行费用	经营费用 K	1.901	6.998	0.25	0.92
	定期费用 X	763.539	578.271	100.405	65.113
资产回收	资产余值 V	51.624	24.494	6.789	2.758
合计		7914.006	7851.591	1040.691	884.221

根据表 8.24，表 8.25 得出：两种方案比较都表明，该站内增加区域性阴极保护的方案在经济上是合理的。